U0794632

钳工工艺与实训

主　编　陈绍勇　潘曙明
副主编　于　雷
主　审　刘云斌
参　编　钱　超　汪文亮　宋晓鞠
　　　　魏　畅　柳　一

西南交通大学出版社
·成　都·

图书在版编目（CIP）数据

钳工工艺与实训 / 陈绍勇，潘曙明主编. —成都：西南交通大学出版社，2023.6
ISBN 978-7-5643-9284-0

Ⅰ. ①钳… Ⅱ. ①陈… ②潘… Ⅲ. ①钳工－工艺学 Ⅳ. ①TG9

中国国家版本馆 CIP 数据核字（2023）第 082011 号

Qiangong Gongyi yu Shixun

钳工工艺与实训

主 编 / 陈绍勇　潘曙明

责任编辑 / 王　旻
特邀编辑 / 王玉珂
封面设计 / 原谋书装

西南交通大学出版社出版发行
（四川省成都市金牛区二环路北一段 111 号西南交通大学创新大厦 21 楼　610031）
发行部电话：028-87600564
网址：http：//www.xnjdcbs.com
印刷：四川森林印务有限责任公司

成品尺寸　185 mm × 260 mm
印张　11.25　　字数　280 千
版次　2023 年 6 月第 1 版　　印次　2023 年 6 月第 1 次

书号　ISBN 978-7-5643-9284-0
定价　35.00 元

课件咨询电话：028-87600533
图书如有印装质量问题　本社负责退换
版权所有　盗版必究　举报电话：028-87600562

前　言

《钳工工艺与实训》一书由“钳工常用量具及测量”“钳工基本技能训练”“传动机构的装配”“C6140型车床典型部件的装配与维修”“C6140型车床典型部件的精度检测”5部分组成。通过任务模块引领学生学习钳工操作的基本技能，学习各种机床装配、调试、检测等技能。内容由浅入深，循序渐进，在完成任务过程中达到理论知识与技能的融合贯通。

本课程以典型工作任务为载体、以学生为中心的理念进行设计。以培养学生综合职业能力与素养为目标，在教学实施中遵循行为导向的原则，达到学生“做”中学，教师“做”中教的目的。通过完整的任务实现理论教学与实践教学融通合一，能力与素养的培养与工作岗位对接合一。

本书适用于钳工高技能人才培训，也可作为钳工职业技能鉴定考核教材，供中、高等职业院校师生使用。

由于时间仓促，不足之处在所难免，欢迎广大读者提出宝贵意见和建议。

作　者

2023年1月

目　录

实训操作规程

（1）实训测量前须认真预习实训教材和实训指导书。明确本次测量的目的和测量内容，了解所用实训设备的构造、工作原理、操作步骤和根本要求，熟悉所用工量器具的操作规程。

（2）严格遵守安全操作规程，正确使用仪器设备，未经指导教师允许不得擅自开动设备。

（3）严格遵守学校纪律，遵守各项实训规章制度，认真操作，不得擅自离开实训场地，不准开启与自己无关的机器设备，不准做影响操作者注意力的事情，不得大声喧哗。

（4）听从教师和实训指导教师的指挥和教诲，严格遵守各种安全规程，如发生意外事故应立即报告实训指导教师，以便及时处理。

（5）严格考勤纪律，不得无故迟到、早退、缺席，有事必须请假。

（6）要勤俭节约，不浪费水电、材料，要保护设备，不准将实训材料、仪器、工具带出实训场地。

（7）保持实训场地整洁，每天实训完毕前，应主动清扫实训场地、保养实训设备、清点仪器和工具，切断电源、关好门窗。经实训指导教师检查前方可离开。

（8）讲文明，注意仪表端庄，进入实训车间要穿工作服，严禁穿背心拖鞋、短裤进入实训车间。

（9）保护仪器设备，如有损坏将按规定进行赔偿，造成重大事故的将按有关规定进行处理。

（10）要按时完成实训日记和实训总结报告，按时交实训教师批阅。

项目1 钳工常用量具及测量

任务1 零件的测量1

学习目标

（1）能够熟悉钳工常用量具的结构特点和使用方法。
（2）能按图样要求正确选用量具并进行测量。
（3）能够依据测量结果判断零件是否合格，分析产生误差的原因。
（4）能够对量具进行保养。
（5）能够按照7S管理使用实训场地、工量器具。
建议学时：12学时。

任务描述

完成图1-1-1所示的零件各个尺寸的测量，并判断工件是否合格。

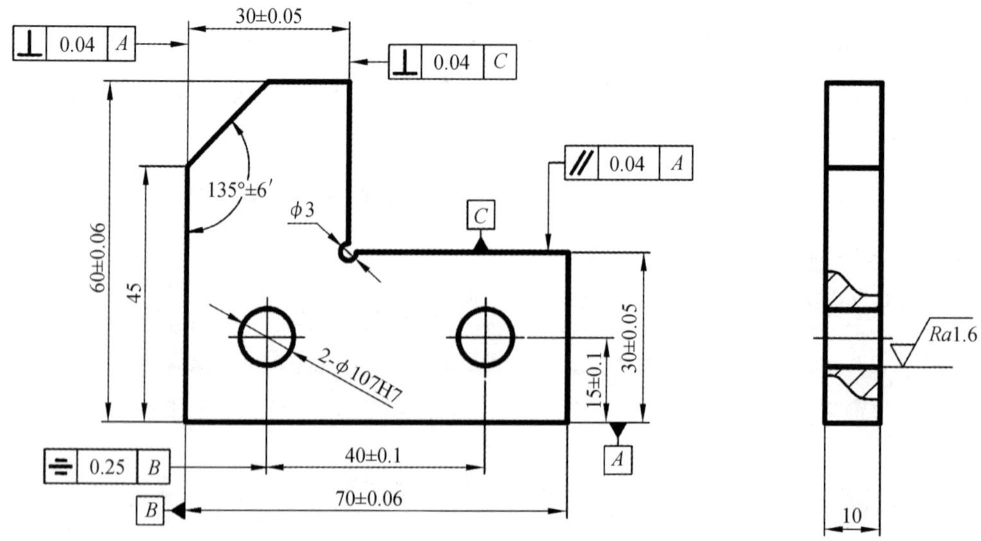

图1-1-1 测量教学用零件

任务分析

零件测量其目的不仅在于零件加工完成后判定零件是否合格，还在于要根据测量结果，分析产生不合格零件的原因，以及应该采取的工艺措施，以便提高加工精度，减少不合格产品，提高合格率，从而降低生产成本，提高生产率。

由图 1-1-1 所示的零件可知，该零件有内径、孔距和角度等要求，要完成该零件的测量，必须能够较好地掌握钳工常用量具中的游标卡尺、千分尺、游标万能角度尺、直角尺的结构特点和使用方法，掌握量具的保养方法，最终能够通过测量结果判断零件是否合格，分析产生误差的原因。

相关知识

一、游标卡尺

1. 游标卡尺的结构（见图 1-1-2）

游标卡尺是一种中等精度的量具，它可以直接量出工件的内径、外径、长度、宽度、深度等。钳工常用的游标卡尺测量范围有 0 ~ 125 mm、0 ~ 200 mm、0 ~ 300 mm 等几种。

其主要由尺身，游标，内测量爪，外测量爪，深度尺，锁紧螺钉等组成，如图 1-1-2 所示。其测量示意图如图 1-1-3 所示。

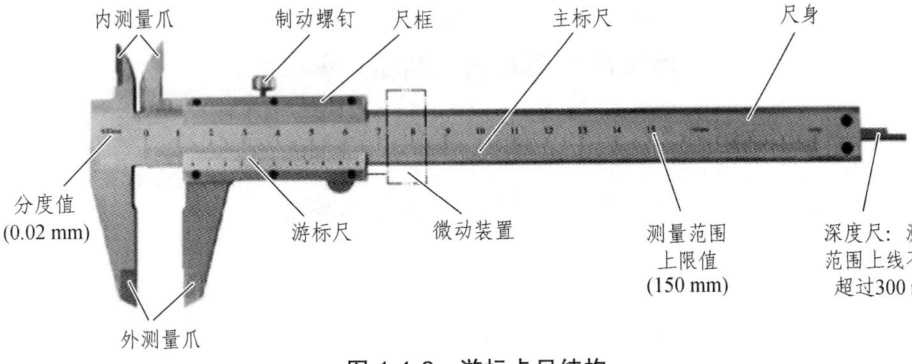

图 1-1-2　游标卡尺结构

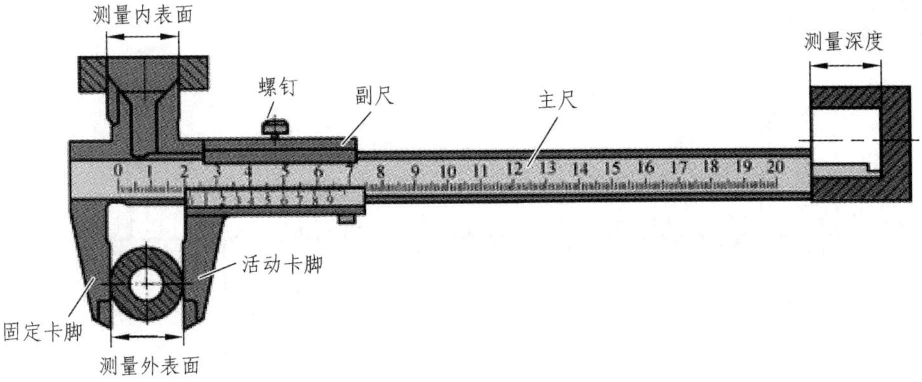

图 1-1-3　游标卡尺测量

2. 游标卡尺的刻线原理

图 1-1-4 所示的游标卡尺分度值为 0.02 mm，尺身上主标尺间距（每小格长度）为 1 mm，当两爪合并时，游标尺上的 50 格刚好与主标尺上的 49 mm 对正，则游标尺间距（每小格长度）为 49/50 = 0.98 mm，主标尺间距与游标尺间距相差 1 – 0.98 = 0.02 mm，即 0.02 mm 就是该游标卡尺的分度值（最小读数值）。

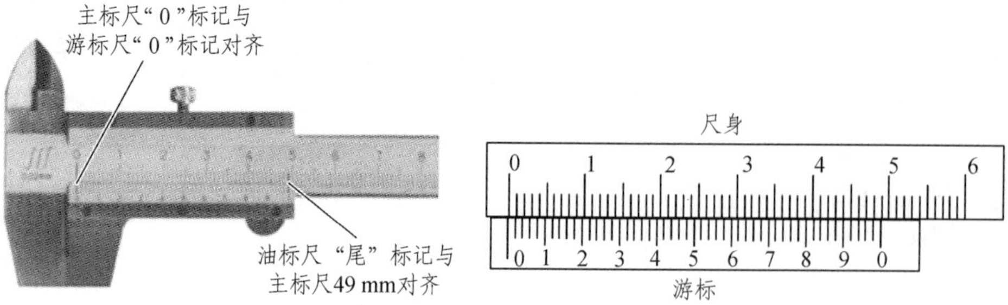

图 1-1-4　游标卡尺的刻线原理

3. 游标卡尺的读数方法

游标卡尺是以游标零线为基准进行读数的，读取游标卡尺数值时一般分 3 步，即（1）整数部分—（2）小数点后第一位数值—（3）小数点后第二位数值。游标卡尺的示值读取方法如图 1-1-5 所示。

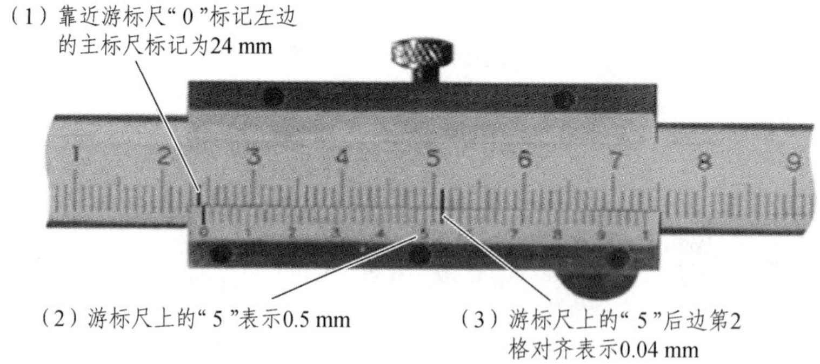

图 1-1-5　游标卡尺的示值读取方法

练　习

读读看，图 1-1-6 所示的读数是＿＿＿＿＿mm。

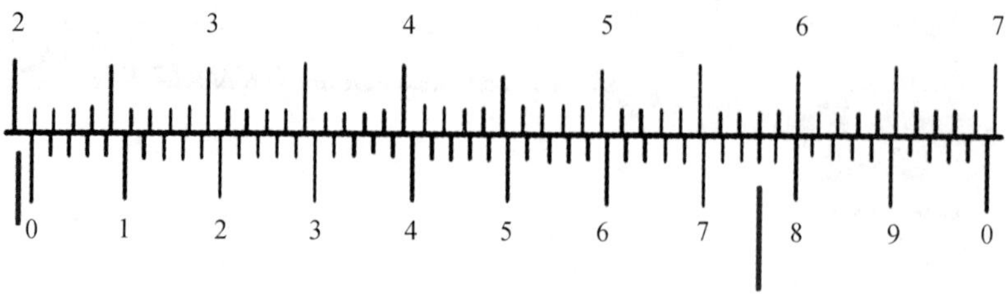

图 1-1-6　读图练习

4. 游标卡尺的使用

游标卡尺的主尺和游标上有两副活动量爪，分别是内测量爪和外测量爪，内测量爪通常用来测量内径，外测量爪通常用来测量长度和外径。

用软布将量爪擦干净，使其并拢，查看游标和主尺身的零刻度线是否对齐。如果对齐就可以进行测量，如没有对齐则要记取零误差。游标的零刻度线在尺身零刻度线右侧的叫正零误差，在尺身零刻度线左侧的叫负零误差（这一规定方法与数轴的规定一致，原点以右为正，原点以左为负）。测量时，右手拿住尺身，大拇指移动游标，左手拿待测外径（或内径）的物体，使待测物位于外测量爪之间，当与量爪紧紧相贴时，即可读数，当测量零件的外尺寸时：卡尺两测量面的连线应垂直于被测量表面，不能歪斜。测量时，可以轻轻摇动卡尺，放正垂直位置。否则，将使测量结果 a 比实际尺寸 b 要大；先把卡尺的活动量爪张开，使量爪能自由地卡进工件，把零件贴靠在固定量爪上，然后移动尺框，用轻微的压力使活动量爪接触零件。如卡尺带有微动装置，此时可拧紧微动装置上的固定螺钉，再转动调节螺母，使量爪接触零件并读取尺寸。决不可把卡尺的两个量爪调节到接近甚至小于所测尺寸，把卡尺强制地卡到零件上去。这样做会使量爪变形，或使测量面过早磨损，使卡尺失去应有的精度。游标卡尺的使用方法如图 1-17 所示。

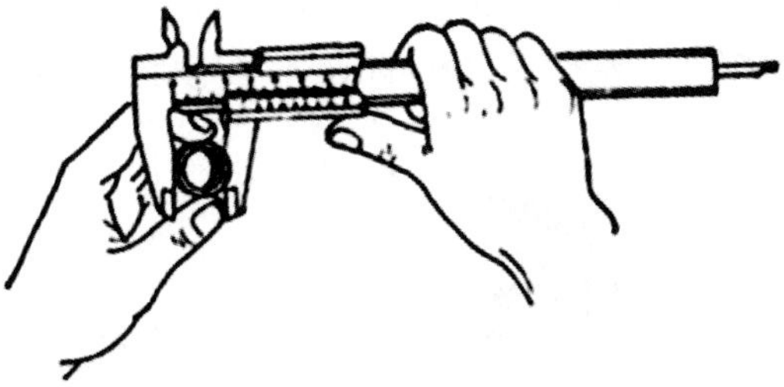

图 1-1-7 游标卡尺的使用方法

5. 使用游标卡尺的注意事项

（1）根据工件的尺寸要求选用合适的游标卡尺。

（2）使用前要检查游标卡尺量爪和测量刃口是否平直无损，两量爪贴合时是否无漏光现象，主标尺与游标尺的“0”标记是否对齐。

（3）测量外尺寸时（见图 1-1-8），量爪应张开到略大于被测尺寸，以固定量爪贴住工件，用轻微推力把活动量爪推向工件，并使测量面的连线垂直于被测表面。

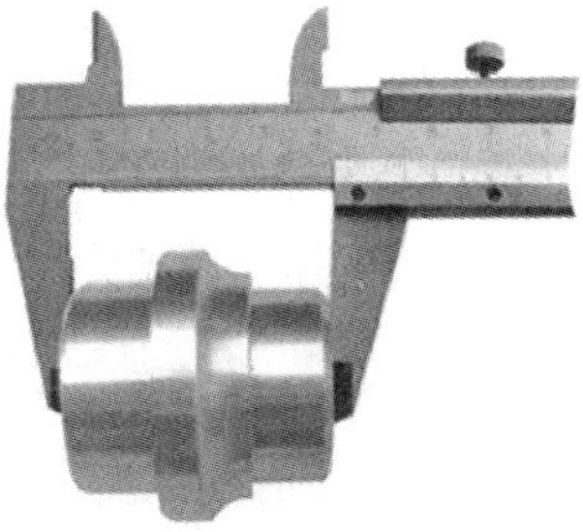

正确

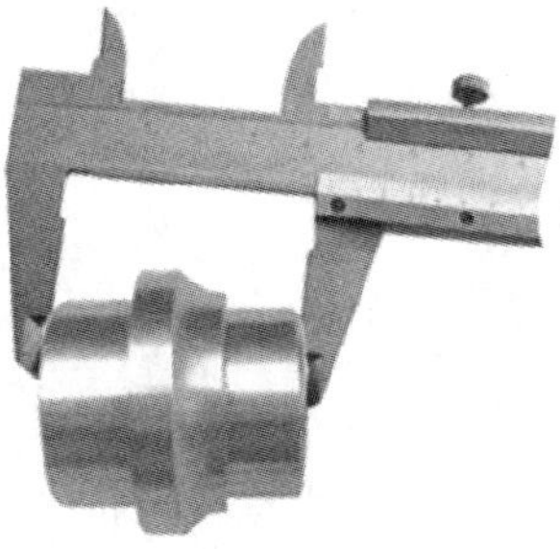

错误

图 1-1-8 测量外尺寸的方法

（4）测量内孔尺寸时（见图 1-1-9），量爪开度应略小于被测尺寸。测量时，两量爪应在孔的直径上，不得倾斜。

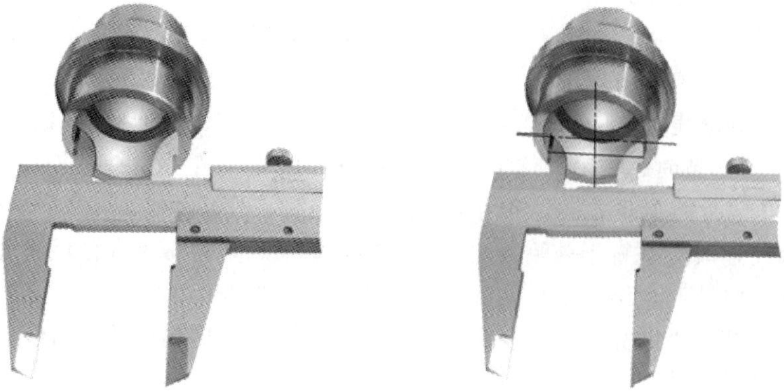

正确　　　　错误

图 1-1-9　测量内孔尺寸的方法

（5）测量孔深或高度时（见图 1-1-10），应使深度尺的测量面紧贴孔底，游标卡尺的端面与被测件的表面接触，且深度尺要垂直，不可前后左右倾斜。

正确　　　　错误

图 1-1-10　测量深度的方法

（6）读取示值时，游标卡尺置于水平位置，视线垂直于标尺标记表面，避免视线歪斜造成视差。

二、直角尺

刀口形直角尺是指两测量面为刀口形的直角尺，如图 1-1-11 所示。

直角尺的精度等级分为 00 级、0 级、1 级和 2 级共 4 个级别，其中 00 级直角尺主要用于检验量具；0 级一般用于检验较精密工件；1 级和 2 级用于检验一般精度的工件。

直角尺的使用注意事项：

（1）使用前，必须将直角尺和工件被测面擦干净。

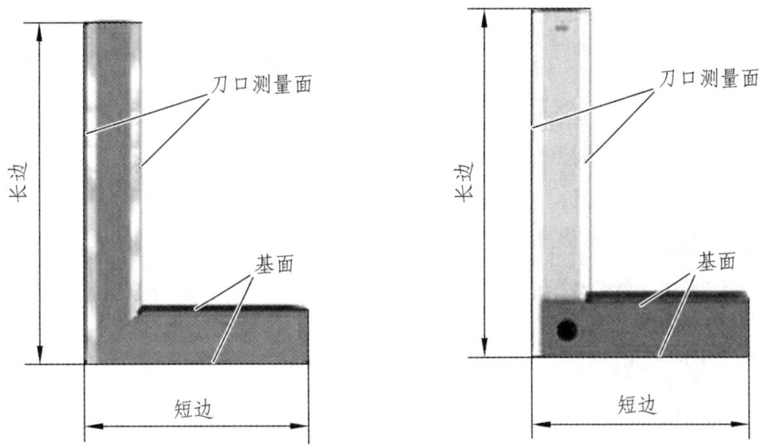

图 1-1-11　刀口形直角尺

（2）先将直角尺的基面贴紧工件的基准面，然后慢慢往下移动（直角尺基面不可与基准面分离），是直角尺的测量面与工件的被测表面接触，用眼睛平视观察透光情况，凭经验根据光系强弱进行估测，或用塞尺在最大间隙处试塞。

（3）直角尺要轻拿、轻放，不许与其他工量具堆放。

三、万能角度尺

万能角度尺又被称为角度规、游标角度尺和万能量角器，是利用游标读数原理来直接测量工件角或进行划线的一种角度量具。万能角度尺适用于机械加工中的内、外角度测量，可测 0° ~ 320°外角及 40° ~ 130°内角。

万能角度尺的读数机构是根据游标原理制成的。主尺刻线每格为 1°。游标的刻线是取主尺的 29°等分为 30 格，因此游标刻线角格为 29°/30，即主尺与游标一格的差值为 2′，也就是说万能角度尺读数准确度为 2′。除此之外还有 5′和 10′两种精度。其读数方法与游标卡尺完全相同。

万能角度尺是用来测量工件内、外角度的量具，其结构如图 1-1-12 所示。它由尺身、90°角尺、游标、制动器、基尺、直尺、卡块等组成。

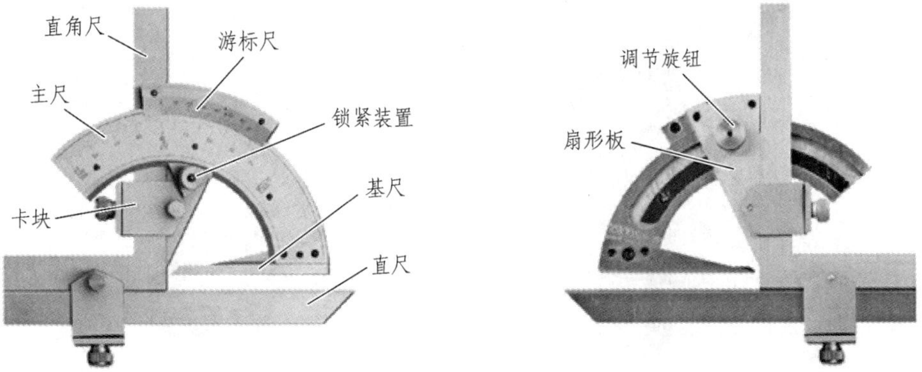

图 1-1-12　万能角度尺的结构

测量时应先校准零位，万能角度尺的零位，是当角尺与直尺均装上时，角尺的底边及基尺与直尺无间隙接触，此时主尺与游标的“0”线对准。调整好零位后，通过改变基尺、角尺、直尺的相互位置可测试 0°～320°范围内的任意角。

测量时，根据产品被测部位的情况，先调整好角尺或直尺的位置，用卡块上的螺钉把它们紧固住，再来调整基尺测量面与其他有关测量面之间的夹角。这时，要先松开制动头上的螺母，移动主尺做粗调整，然后再转动扇形板背面的微动装置做细调整，直到两个测量面与被测表面密切贴合为止。然后拧紧制动器上的螺母，把角度尺取下来进行读数。

1. 测量 0°～50°之间角度

当测量 0°～50°之间角度时，将角尺和直尺全都装上，产品的被测部位放在基尺和直尺的测量面之间进行测量，如图 1-1-13 所示。

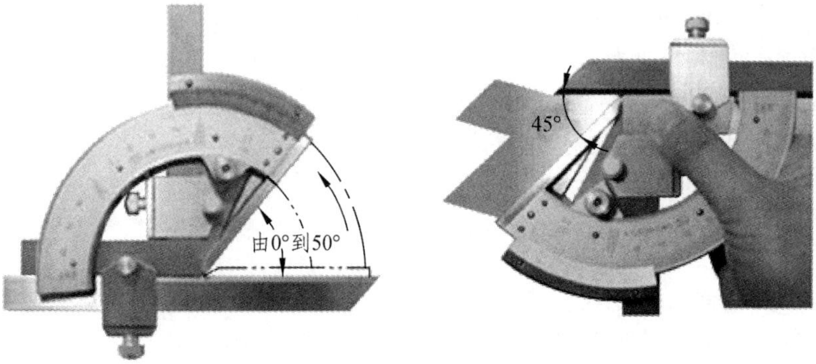

图 1-1-13　测量范围 0°～50°

2. 测量 50°～140°之间角度

当测量 50°～140°之间角度时，可将角尺卸掉，把直尺装上去，使它与扇形板连在一起。工件的被测部位放在基尺和直尺的测量面之间进行测量。也可以不拆下角尺，只把直尺和卡块卸掉，再把角尺拉到下边来，直到角尺短边与长边的交线和基尺的尖棱对齐为止。把工件的被测部位放在基尺和角尺短边的测量面之间进行测量，如图 1-1-14 所示。

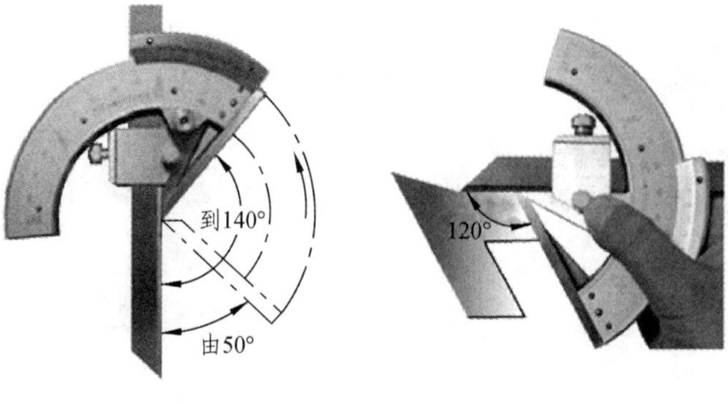

图 1-1-14　测量范围 50°～140°

3. 测量 140° ~ 230°之间角度

当测量 140° ~ 230°之间角度时，可将直尺和卡块卸掉，只装角尺，但要把角尺推上去，直到角尺短边与长边的交线和基尺的尖棱对齐为止。把工件的被测部位放在基尺和角尺短边的测量面之间进行测量，如图 1-1-15 所示。

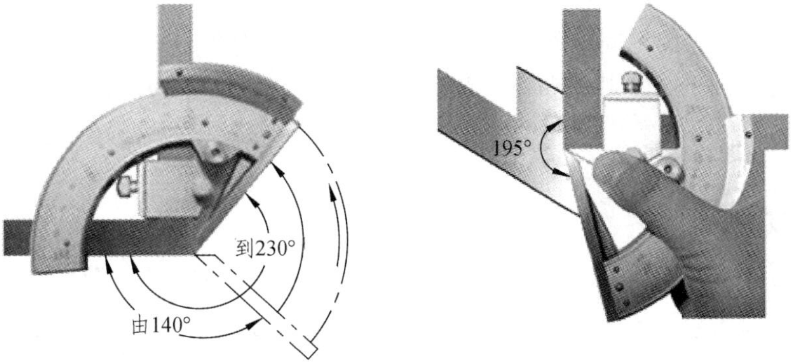

图 1-1-15　测量范围 140° ~ 230°

4. 测量 230° ~ 320°之间角度

当测量 230° ~ 320°之间角度时，可将角尺、直尺和卡块全部卸掉，只留下扇形板和主尺（带基尺）。把产品的被测部位放在基尺和扇形板测量面之间进行测量，如图 1-1-16 所示。

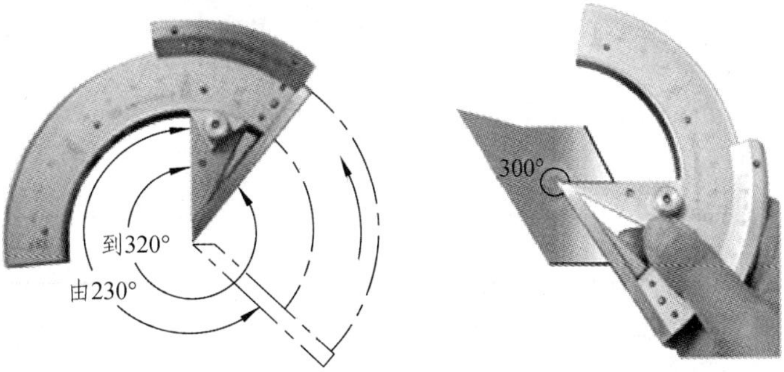

图 1-1-16　测量范围 230° ~ 320°

万能角度尺的读数方法与游标卡尺相同，先读出游标零线前的角度，再从游标上读出角度“分”的数值，两者相加就是被测零件的角度数值。

在万能角度上，基尺是固定在尺座上的，角尺是用卡块固定在扇形板上，可移动尺是用卡块固定在角尺上。若把角尺拆下，也可把直尺固定在扇形板上。由于角尺和直尺可以移动和拆换，使万能角度尺可以测量 0° ~ 320°的任何角度。

总之，角尺和直尺全装上时，可测量 0° ~ 50°的外角度，仅装上直尺时，可测量 50° ~ 140°的角度，仅装上角尺时，可测量 140° ~ 230°的角度，把角尺和直尺全拆下时，可测量 230° ~ 320°的角度（即可测量 40° ~ 130°的内角度）。

在万能量角尺的尺座上，基本角度的刻线只有 0° ~ 90°，如果测量的零件角度大于 90°，在读数时，应加上一个基数（90°、180°、270°），即当零件角度在 90° ~ 180°之间，被测角

度 = 90° + 量角尺读数，当零件角度在 180° ~ 270°之间，被测角度 = 180° + 量角尺读数，当零件角度在 270° ~ 320°之间，被测角度 = 270° + 量角尺读数。

用万能角度尺测量零件角度时，应使基尺与零件角度的母线方向一致，且零件应与量角尺的两个测量面的全长上接触良好，以免产生测量误差。

5. 使用万能角度尺的注意事项

（1）根据测量工件的不同角度，正确搭配使用直尺和直角尺。

（2）使用前要检查 0°，基尺和直尺贴合面应不漏光，尺身和游标的零线应对齐。

（3）测量时，工件应与万能角度尺的两个测量面在全长上接触良好，避免误差。

任务实施

零件的测量 1：

（1）领取所需测量的零件与零件图，做好实训室防护措施，穿好工作服，戴好工作帽，下达任务，分组协作（见表 1-1-1）。

表 1-1-1　小组分配表

（小组称号）		
小组成员	姓名	主要职责
组长		
安全员		
工具员		
材料员		
组员		

（2）分小组，制订学习计划，填写工量具清单见表 1-1-2。

表 1-1-2　工量具清单

序号	名称	规格	数量
1			
2			
3			
4			
5			
6			
7			
8			

（3）较好地掌握钳工常用量具中的游标卡尺、千分尺、游标万能角度尺、直角尺的结构特点和使用方法；掌握机械制图知识，会识图，将零件和图纸相对应。

（4）读图，对零件各部分进行测量。测量教学零件图、实体零件图如图 1-1-17、图 1-1-18 所示。

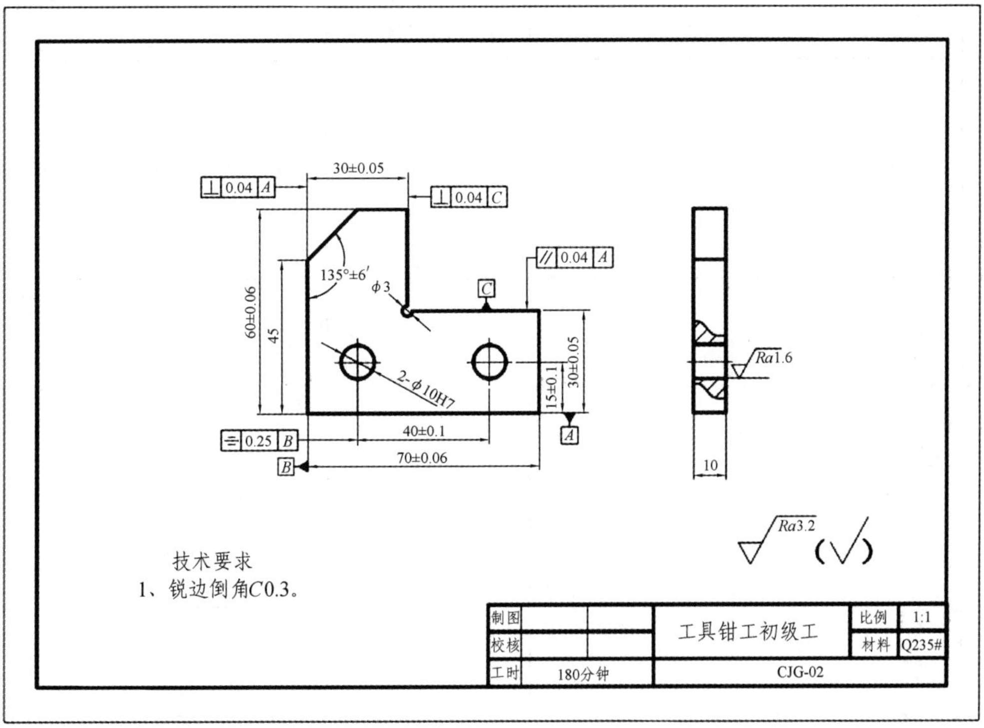

图 1-1-17　测量教学零件图

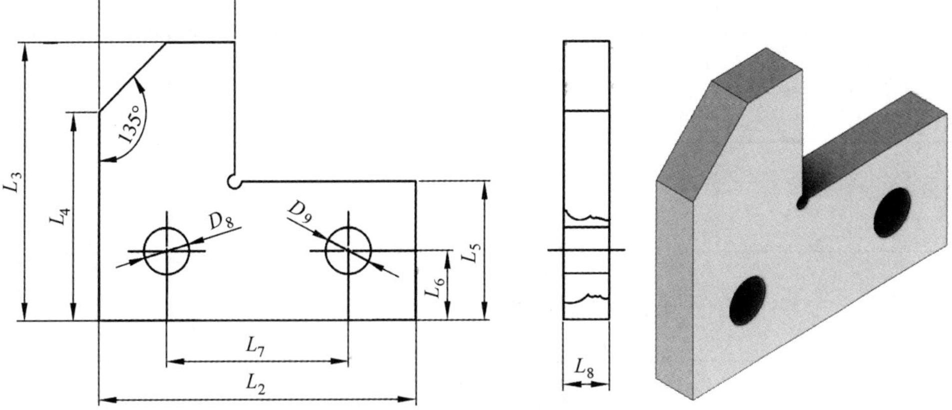

图 1-1-18　实体零件图

评价反馈

操作完毕，按表 1-1-3、表 1-1-4 进行评分。

表 1-1-3　评分表

班级：__________　姓名：__________　学号：__________　成绩：__________

序号	尺寸	尺寸公差	第一次实测值	第二次实测值	配分	得分	备注
1	L_1						
2	L_2						
3	L_3						
4	L_4						
5	L_5						
6	L_6						
7	L_7						
8	L_8						
9	D_8						
10	D_9						
11	与人沟通、协作的能力						
12	安全文明生产				酌情倒扣分		

表 1-1-4　组评表

评价指标	评价情况	
与其他同学口头交流学习内容是否顺畅	是：	否：
是否能接受小组成员的意见	是：	否：
是否服从教师的教学安排	是：	否：
着装是否符合标准	是：	否：
能否正确地领会他人提出的学习问题	是：	否：
能否按照安全和规范的规程操作	是：	否：
能否辨别工作环境中哪些是危险的因素	是：	否：
能否合理规范地使用工具和仪器	是：	否：
能否保持学习工作环境的干净整洁	是：	否：
能否遵守学习场所的规章制度	是：	否：
是否有工作岗位的责任心	是：	否：
是否全勤	是：	否：
是否能正确对待自己的错误	是：	否：
是否能保持团队合作	是：	否：

任务 2　零件的测量 2

学习目标

（1）能够熟悉钳工常用量具千分尺、塞尺、百分表的结构特点和使用方法。
（2）能按图样要求正确选用量具并进行测量。
（3）能够依据测量结果判断零件是否合格，分析产生误差的原因。
（4）能够对量具进行保养。
（5）能够按照 7S 管理使用实训场地、工量器具。
建议学时：12 学时。

任务描述

完成图 1-2-1 所示零件各个尺寸的测量，并判断工件是否合格。

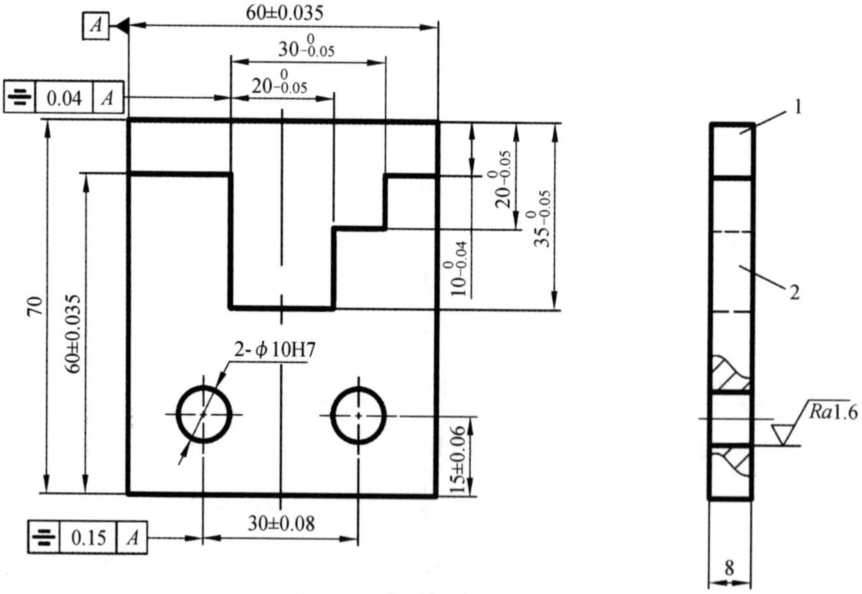

图 1-2-1　测量教学用配合零件

任务分析

机械中大部分零件通常都会与其他零件相装配，因此零件之间都会两两配合，在测量配合件时，除了要测量单个配合零件的尺寸、角度以及各项形位误差以外，还需要测量配合后需要保证的配合尺寸、配合间隙及配合件的形位误差等。

如图 1-2-1 所示的配合零件图，如果对图中的各项尺寸及形位误差进行测量，需要较好地掌握千分尺、刀口形直尺、刀口形角尺、百分表及塞尺等量具的结构特点、正确使用方法及各量具的维护、保养方法。通过测量，能依据检测结果正确判断零件误差的大小，并针对误差现象分析误差产生的原因，并能提出改进措施。

相关知识

一、千分尺的种类

千分尺是测量中最常用的精密量具之一，用来测量加工精度要求较高的零件。千分尺的种类较多，按其用途不同可分为外径千分尺、内径千分尺、深度千分尺、内测千分尺等，如图 1-2-2 所示。千分尺的测量精度为 0.01 mm。

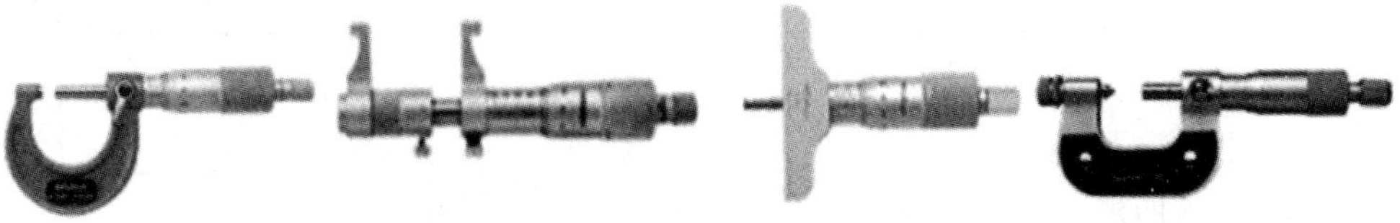

（a）外径千分尺　（b）内径千分尺　（c）深度千分尺　（d）内测千分尺

图 1-2-2　千分尺种类

1. 千分尺的结构

外径千分尺的结构如图 1-2-3 所示。外径千分尺主要由尺架、测砧、固定套管、测微螺杆、微分筒和测力装置等组成。

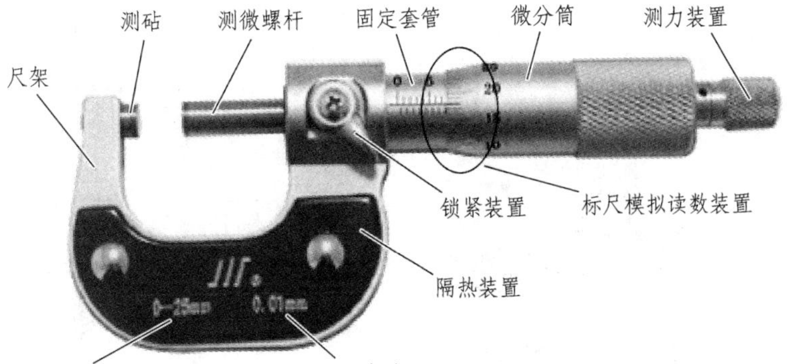

图 1-2-3　千分尺的结构

2. 千分尺的刻线原理

刻线原理：微分筒的外圆锥面上刻有 50 格，测微螺杆的螺距为 0.5 mm。微分筒每转动 1 圈，测微螺杆就轴向移动 0.5 mm。当微分筒转动 1 格时，测微螺杆就移动 0.5/50 = 0.01 mm，所以千分尺的测量精度为 0.01 mm。千分尺刻线原理如图 1-2-4 所示。

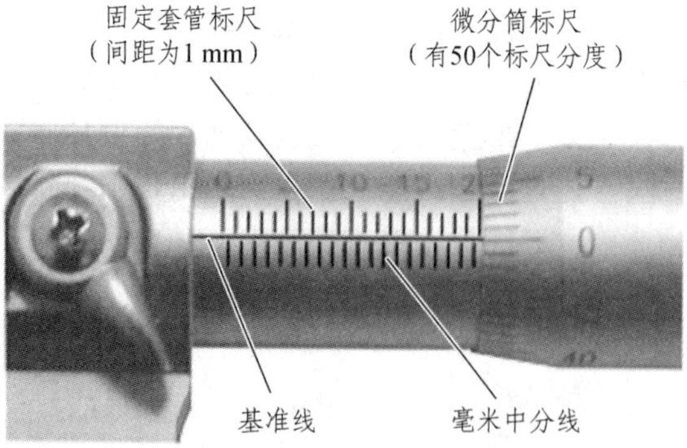

图 1-2-4　千分尺刻线原理

3. 千分尺的读数方法

（1）先读出固定套筒上的尺寸，即固定套筒上露出的刻线尺寸（必须注意不可遗漏应读出的 0.5 mm 的刻线值）。

（2）然后读出活动套管上的尺寸，即活动套管圆周上与固定套筒的水平基准线（中线）对齐的刻线数值，乘以 0.01 mm 便是活动套管上的尺寸。

（3）最后将这两尺寸相加，就是千分尺上测得的尺寸，如图 1-2-5 所示。

注意：特别要注意固定刻度上表示 0.5 mm。

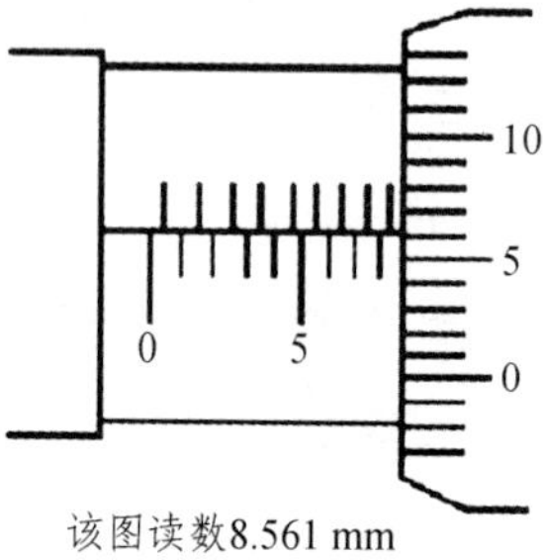

图 1-2-5　千分尺读数示例

练　习

读读看，如图 1-2-6 所示，在测金属丝直径时，千分尺读数如下图所示，可知这 4 根金属丝的直径 d_1 =________、d_2 =________、d_3 =________、d_4 =________。

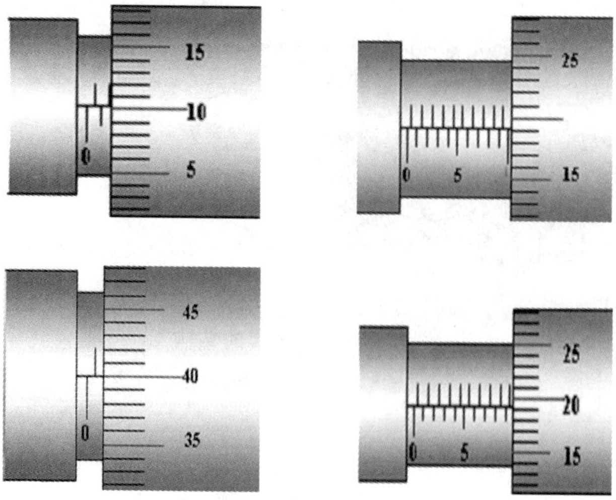

图 1-2-6　读图练习

4. 使用外径千分尺的注意事项

（1）千分尺的测量面应保持干净，使用前应校对零位（测量范围下限值大于或等于 25 mm 的外径千分尺均附有对应的校对量杆）。千分尺校零如图 1-2-7 所示。

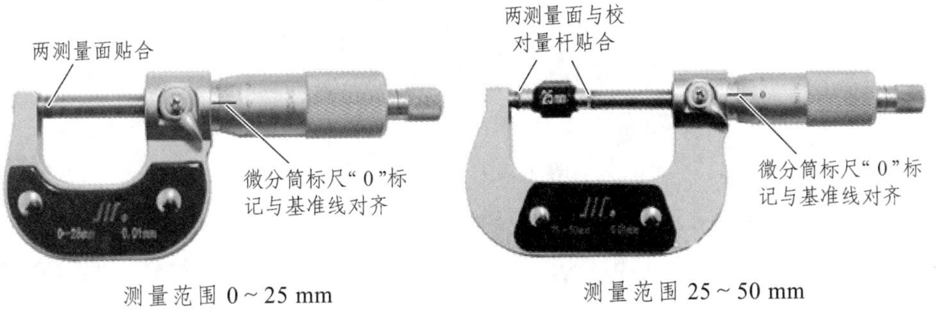

图 1-2-7　千分尺校零

（2）测量时，先转动微分筒，当测量面接近工件时，改用测力装置，直到发出“吱吱”声音为止。

（3）测量时，千分尺要放正，并注意温度影响。

（4）不能用千分尺测量毛坯或转动的工件。

（5）使用完毕，应将千分尺擦净放置在专用盒内。若长时间不用，应涂上专用防锈油保存以防生锈。

二、塞　尺

1. 塞尺的定义及组成

塞尺是指具有准确厚度尺寸的单片或成组的薄片，用于检验间隙的实物量具。由一组具有不同厚度级差的薄钢片组成的量规，如图 1-2-8 所示。塞尺用于测量间隙尺寸。在检验被测尺寸是否合格时，可以用此法判断，也可由检验者根据塞尺与被测表面配合的松紧程度来判断。塞尺一般用不锈钢制造，最薄的为 0.02 mm，最厚的为 3 mm。在 0.02 ~ 0.1 mm 间，各钢片厚度级差为 0.01 mm；在 0.1 ~ 1 mm 间，各钢片的厚度级差一般为 0.05 mm；在 1 mm 以上，钢片的厚度级差为 1 mm。

图 1-2-8　成组塞尺

2. 塞尺的使用方法及注意事项

（1）测量前，用干净的布将塞尺测量表面擦拭干净，不能在塞尺沾有油污或金属屑末的情况下进行测量，否则将影响测量结果的准确性。单片塞尺如图 1-2-9 所示。

（2）将塞尺插入被测间隙中，来回拉动塞尺，感到稍有阻力，说明该间隙值接近塞尺上所标出的数值；如果拉动时阻力过大或过小，则说明该间隙值小于或大于塞尺上所标出的数值。

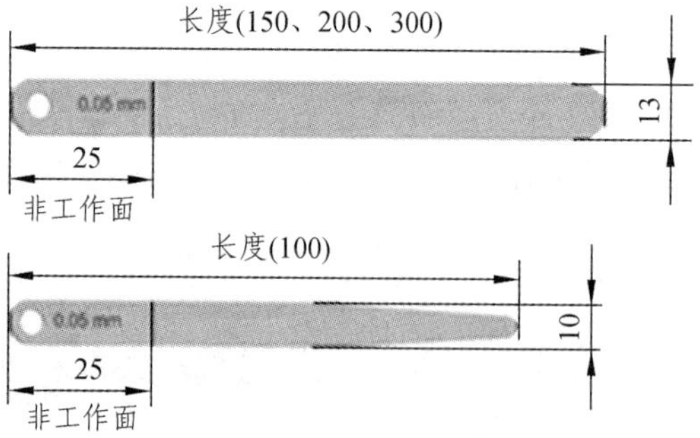

图 1-2-9 单片塞尺

（3）进行间隙的测量和调整时，先选择符合间隙规定的塞尺插入被测间隙中，然后一边调整，一边拉动塞尺，直到感觉稍有阻力时拧紧锁紧螺母，此时塞尺所标出的数值即为被测间隙值。

（4）不允许在测量过程中剧烈弯折塞尺，或用较大的力硬将塞尺插入被检测间隙，否则将损坏塞尺的测量表面或零件表面的精度。

（5）使用完后，应将塞尺擦拭干净，并涂上一薄层工业凡士林，然后将塞尺折回夹框内，以防锈蚀、弯曲、变形而损坏。

（6）存放时，不能将塞尺放在重物下，以免损坏塞尺。

三、百分表

百分表是一种指示式量仪，测量精度为 0.001 mm。其测量范围有 0 ~ 3 mm；0 ~ 5 mm；0 ~ 10 mm 3 种规格。

主要用来测量工件的尺寸、形状和位置误差，也可用于检验机床的几何精度或调整工件的装夹位置偏差。

1. 百分表的结构

百分表是利用精密齿条齿轮机构制成的表式通用长度的测量工具。通常由测头、量杆、防震弹簧、齿条、齿轮、游丝、圆表盘及指针等组成，如图 1-2-10 所示。

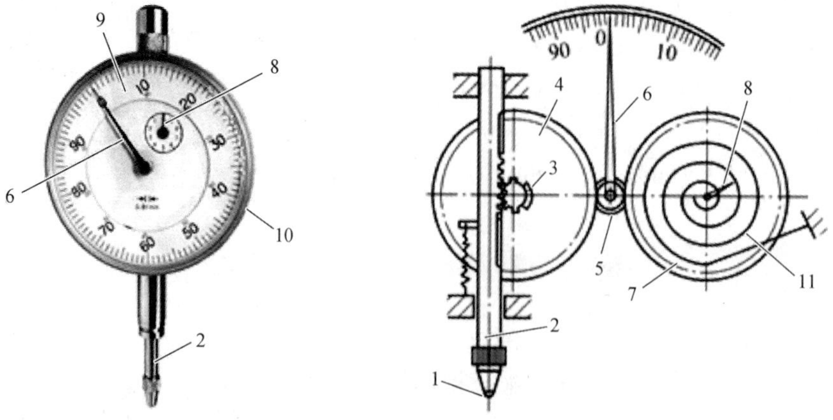

1—测头；2—量杆；3—小齿轮（$z=16$）；4、7—大齿轮（$z=100$）；5—小齿轮（$z=10$）；6—指针；8—转数指针；9—度盘；10—表圈；11—拉簧。

图 1-2-10 百分表的结构

2. 百分表的刻线原理

百分表量杆上的齿距是 0.625 mm。当量杆上升 16 齿时（即上升 $0.625\times16=10$ mm），16 齿的小齿轮正好转 1 周，与其同轴的大齿轮 4（$Z=100$ 齿）也转 1 周，从而带动齿数为 10 的小齿轮和长指针转 10 周。即当量杆上移动 1 mm 时，长指针转 1 周。由于表上共等分 100 格，所以长指针每转 1 格，表示量杆移动 0.01 mm。故百分表的测量精度为 0.01 mm。

3. 其他百分表

百分表常用于形状和位置误差以及小位移的长度测量。改变测头形状并配以相应的支架，可制成百分表的变形品种，如厚度百分表、深度百分表和内径百分表等。如用杠杆代替齿条可制成杠杆百分表和杠杆千分表，其示值范围较小，但灵敏度较高。此外，它们的测头可在一定角度内转动，能适应不同方向的测量，结构紧凑。它们适用于测量普通百分表难以测量的外圆、小孔和沟槽等的形状和位置误差。

4. 使用百分表的注意事项

（1）测量平面或圆形工件时，百分表的测头应与平面垂直或与圆柱形工件中心线垂直，否则百分表齿杆移动不灵活，测量结果不准确。

（2）齿杆的升降范围不宜过大，以减少由于存在间隙而产生的误差。

四、塞　规

塞规的形状如图 1-2-11 所示。它也有两个测量端，尺寸小的一端，在测量内孔时应能通过，称为过端，它的尺寸为工件的最小极限尺寸；尺寸大的一端，在测量内孔时不能通过，称为止端，它的尺寸为工件的最大极限尺寸。

用塞规检验工件时，如果过端能通过，止端不能通过，这就说明工件是合格的。否则，为不合格。

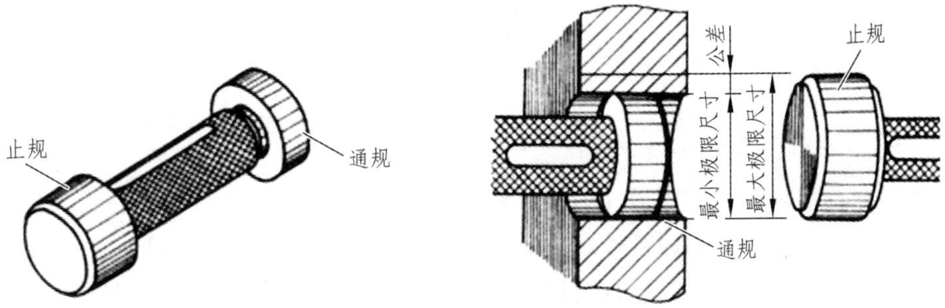

图 1-2-11　塞规

任务实施

零件的测量 2：

（1）领取所需测量的零件与零件图，做好实训室防护措施，穿好工作服，戴好工作帽，下达任务，分组协作（见表 1-2-1）。

表 1-2-1　小组分配表

（小组称号）		
小组成员	姓名	主要职责
组长		
安全员		
工具员		
材料员		
组员		

（2）分小组，制定学习计划，填写工量具清单见表 1-2-2。

表 1-2-2　工量具清单

序号	名称	规格	数量
1			
2			
3			
4			
5			
6			
7			

（3）较好地掌握钳工常用量具中的游标卡尺、千分尺、游标万能角度尺、直角尺、塞尺的结构特点和使用方法；掌握机械制图知识，会识图，将零件和图纸相对应。

（4）读图，对零件各部分进行测量。测量教学配合零件图、零件三维图如图 1-2-12、图 1-2-13 所示。

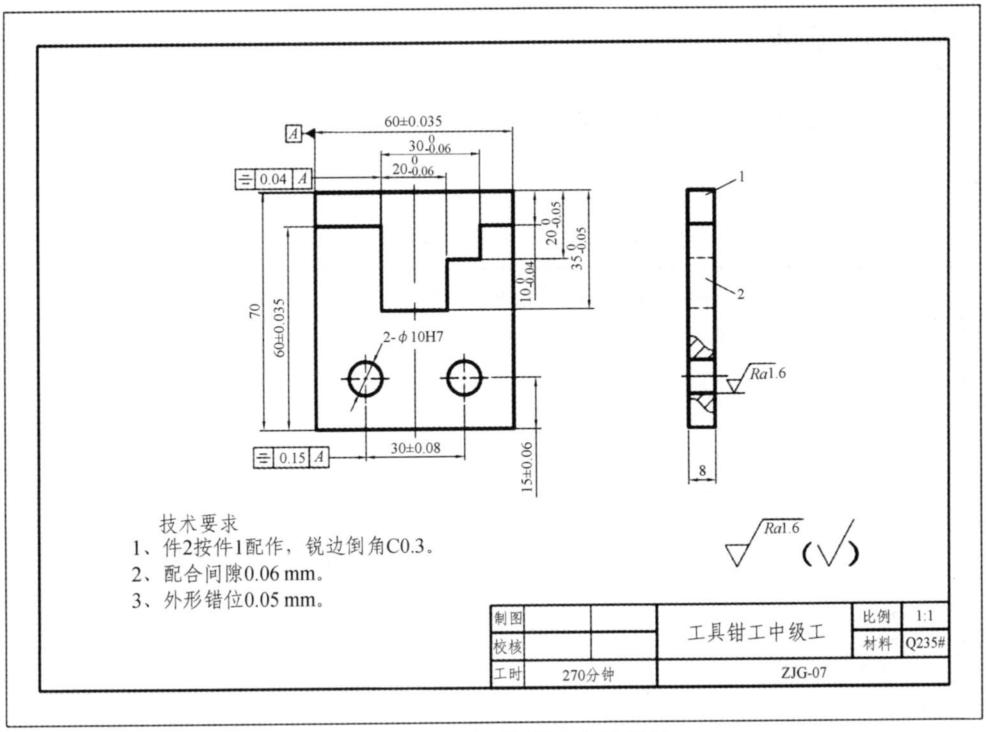

图 1-2-12　测量教学配合零件图

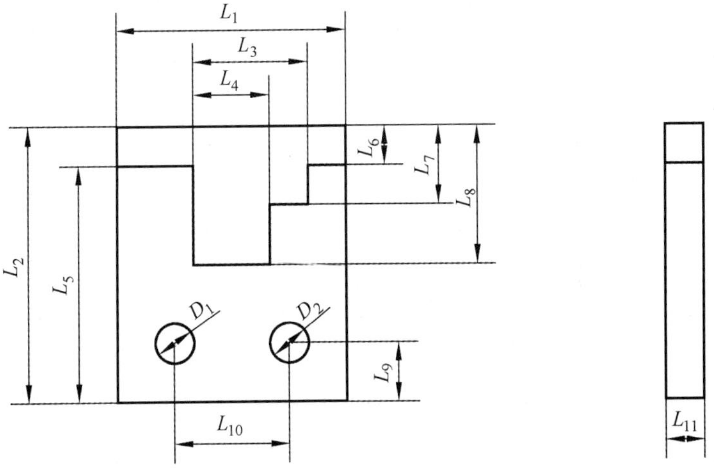

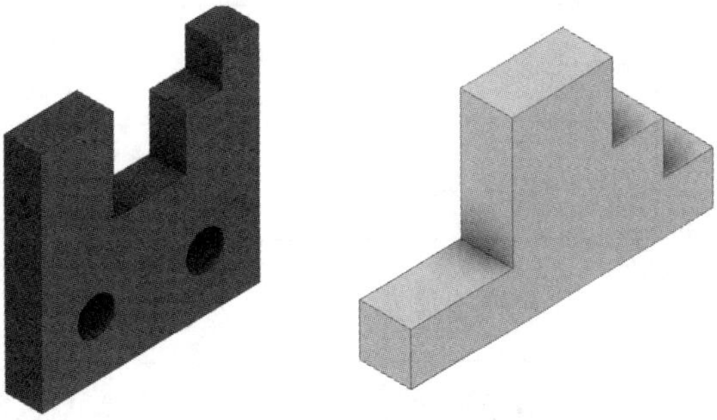

图 1-2-13　零件三维图

评价反馈

操作完毕，按表 1-2-3、表 1-2-4 进行评分。

表 1-2-3 评分表

班级：__________ 姓名：__________ 学号：__________ 成绩：__________

序号	尺寸	尺寸公差	第一次实测值	第二次实测值	配分	得分	备注
1	L_1						
2	L_2						
3	L_3						
4	L_4						
5	L_5						
6	L_6						
7	L_7						
8	L_8						
9	L_9						
10	L_{10}						
11	L_{11}						
12	D_1						
13	D_2						
14	与人沟通、协作的能力						
15	安全文明生产				酌情倒扣分		

表 1-2-4　组评表

评价指标	评价情况	
与其他同学口头交流学习内容是否顺畅	是：	否：
是否能接受小组成员的意见	是：	否：
是否服从教师的教学安排	是：	否：
着装是否符合标准	是：	否：
能否正确地领会他人提出的学习问题	是：	否：
能否按照安全和规范的规程操作	是：	否：
能否辨别工作环境中哪些是危险的因素	是：	否：
能否合理规范地使用工具和仪器	是：	否：
能否保持学习工作环境的干净整洁	是：	否：
能否遵守学习场所的规章制度	是：	否：
是否有工作岗位的责任心	是：	否：
是否全勤	是：	否：
是否能正确对待自己的错误	是：	否：
是否能保持团队合作	是：	否：

项目 2　钳工基本技能训练

任务 1　錾口锤头的制作

学习目标

（1）能够掌握钳工基本技能的操作要领，动作规范标准。
（2）能够熟练合理使用工量具，并能进行保养维护。
（3）能够编排出合理的加工工艺。
（4）能够按照 7S 管理使用实训场地、机床。
建议学时：30 学时。

任务描述

锤头是日常生活、生产加工中常用到的一种敲击工具，结构简单，加工方便，价格低廉。现根据学校教学需要每位同学制作一把錾口锤头。

任务分析

本任务为装配钳工的基本操作，学生每人制作一把錾口锤头。制作过程包括划线、锯削、锉削、钻孔等钳工基本加工方法和操作技能，以及钳工常用工、量具的使用与保养方法和工件检测方法。

相关知识

一、划　线

划线是机械加工中的一道重要工序，广泛用于单件或小批量生产。在铸造企业，对新模具首件进行划线检测，可以及时发现铸件尺寸形状上存在的问题，采取措施避免产生批量不合格造成的损失。根据图样和技术要求，在毛坯或半成品上用划线工具画出加工界线，或划出作为基准的点、线的操作过程称为划线，如图 2-1-1 所示。

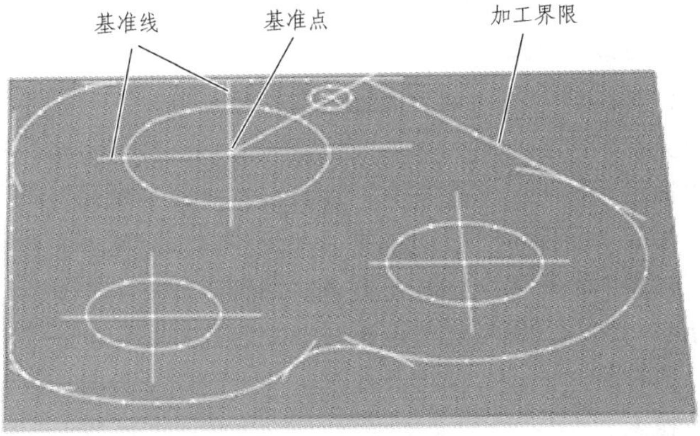

图 2-1-1　划线示例

划线分为平面划线和立体划线两种。只需要在工件一个表面上划线即能明确表明加工界限的，称之为平面划线，如图 2-1-2 所示；需要在工件几个互成不同角度（一般是互相垂直）的表面上划线，才能明确表明加工界限的，称为立体划线，如图 2-1-3 所示。

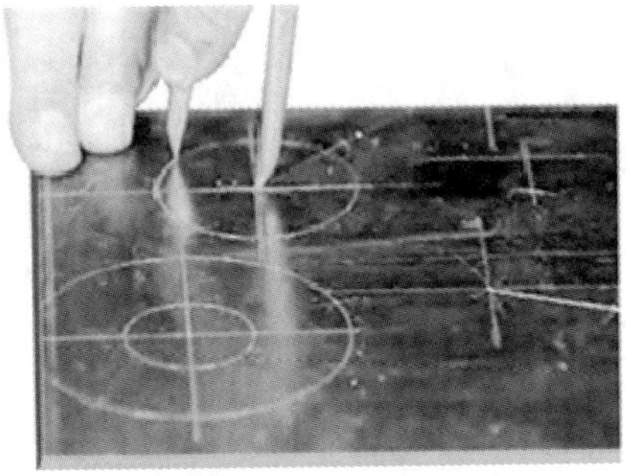

图 2-1-2　平面划线

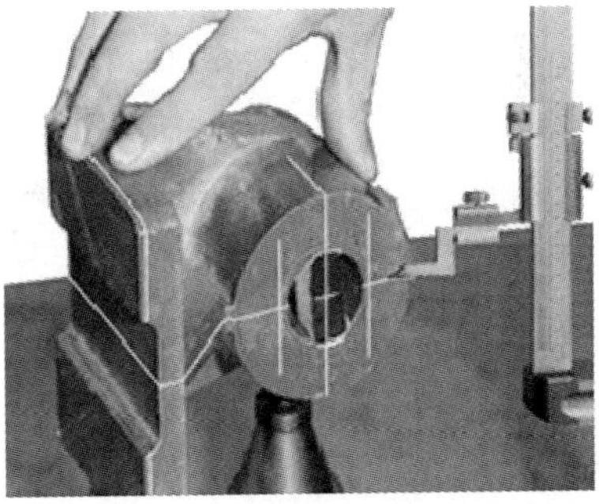

图 2-1-3　立体划线

对划线的基本要求是线条清晰匀称，定型、定位尺寸准确。由于划线的线条有一定宽度，一般要求精度达到 0.25 ~ 0.5 mm。应当注意，工件的加工精度不能完全由划线确定，而应该在加工过程中通过测量来保证。常用的划线工具如图 2-1-4 所示。

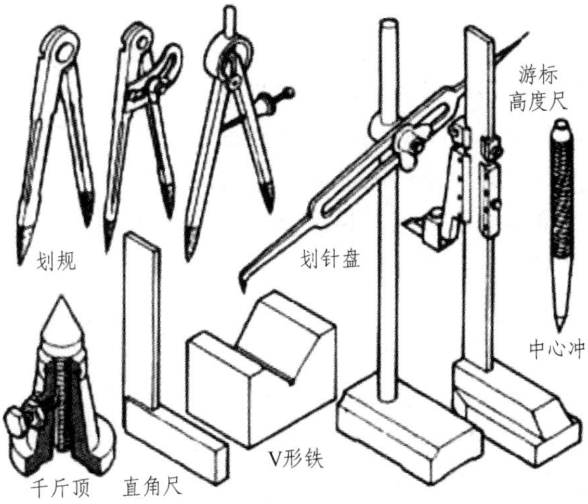

图 2-1-4　常用划线工具

二、锯　削

用锯对材料或工件进行切断或切槽等的加工方法称为锯削。锯削是锯切工具旋转或往复运动，把工件、半成品切断或把板材加工成所需形状的切削加工方法。它可以锯断各种原材料或半成品；也可以锯掉工件上的多余部分；还可以在工件上锯槽。

手锯是钳工手工锯削所使用的工具，由锯弓和锯条两部分组成。

锯弓是用来张紧锯条的，有固定式和可调节式两种，如图 2-1-5 所示。固定式锯弓只能安装一种长度的锯条，可调节式锯弓通过调整可以安装几种长度的锯条。锯弓两端都装有夹头，一端是固定的，另一端是活动的。锯条孔被夹头上的销子插入后，旋紧活动夹头上的翼形螺母就可以把锯条拉紧。

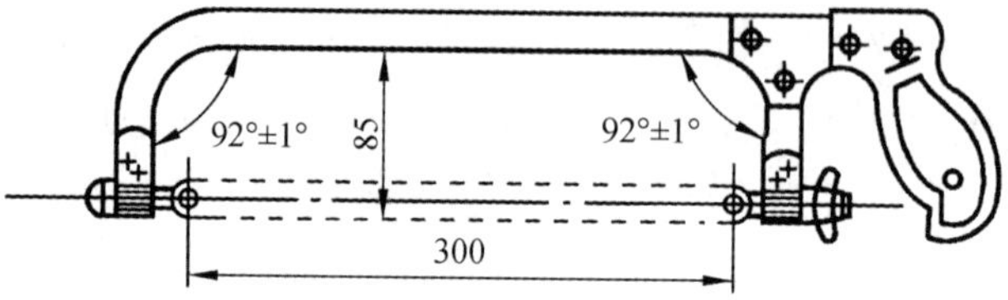

（a）固定式

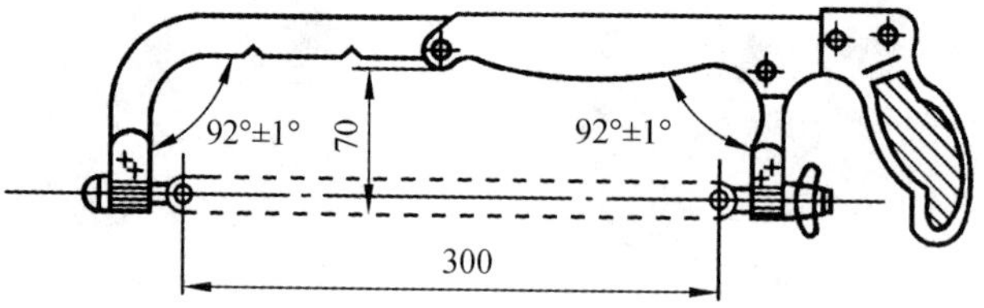

（b）可调节式

图 2-1-5　手锯示意图

锯条一般用渗碳软钢冷轧而成，也有用碳素工具钢或合金钢制成的，并经热处理淬硬。锯条的长度以两端安装孔的中心距来表示，常用的中心距为 300 mm。

1. 锯齿的切削角度

锯条的切削部分是由许多锯齿组成的，相当于一排同样形状的錾子，每个齿都有切削作用。由于锯削时要求有较高的工作效率，必须使切削部分有足够的容屑空间，故锯齿的后角较大。同时，为了保证锯齿具有一定的强度，楔角也不宜太小。锯齿的切削角度如图 2-1-6 所示。其前角 $\gamma_0=0°$，后角 $\alpha_0=40°$，$\beta_0=50°$。

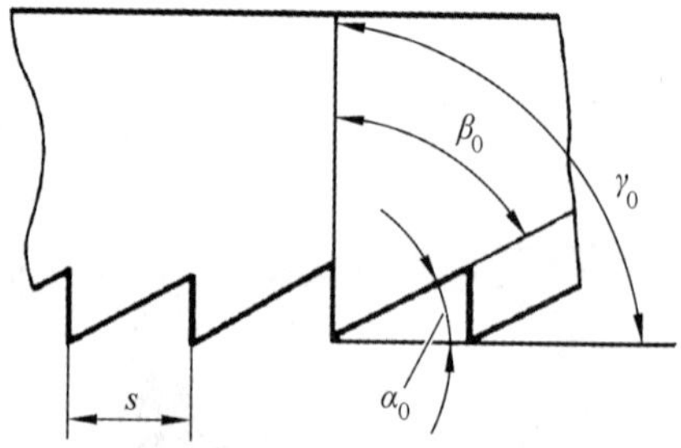

图 2-1-6　锯齿的切削角度

为了减少锯条的内应力，充分利用锯条材料，已出现双面有齿的锯条。这种锯条的两边锯齿均经淬硬，中间保持有较好切性，不易折断，故可延长锯条的使用寿命。

2. 锯齿的粗细

锯齿的粗细是以锯条每 25 mm 长度内的齿数来表示的，有 14、18、24 和 32 等几种，一般分为粗、中、细等几种，齿数越多则表示锯齿越细。粗齿适用于锯削软材料（如紫铜、铝、铸铁、低碳钢、人造胶质材料等）中齿适用锯削中等硬度钢、厚壁的钢管、铜管，细齿适用于薄片金属、薄壁管子。锯齿的粗细规格见表 2-1-1。

表 2-1-1　锯齿的粗细规格

锯条型式	长度规格 l/mm	粗细规格		宽度 b/mm	厚度 a/mm
		每 25 mm 内的齿数	齿距 p/mm		
单面齿型（A 型）	300 或 250	32	0.8	12.0 或 10.7	0.65
		24	1.0		
		20	1.2		
		18	1.4		
		16	1.5		
		14	1.8		
双面齿型（B 型）	296	32	0.8	22	0.65
	292	24	1.0	25	
		18	1.4		

3. 锯　路

锯条制造时，将全部锯齿按一定规律左右错开，并排成一定的形状，称为锯路，如图 2-1-7 所示。锯路的作用是减小锯缝对锯条的摩擦，使锯条在锯削时不被锯缝夹住或折断

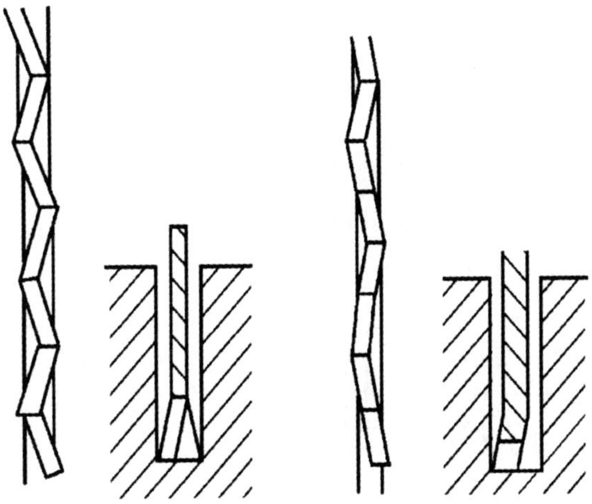

（a）交叉形　　（b）波浪形

图 2-1-7　锯路

4. 锯削的技能练习

（1）手锯握法。手锯握法为右手满握锯弓手柄，大拇指压在食指上。左手控制锯弓方向，大拇指在弓背上，食指、中指、无名指扶在锯弓前端，如图 2-1-8 所示。

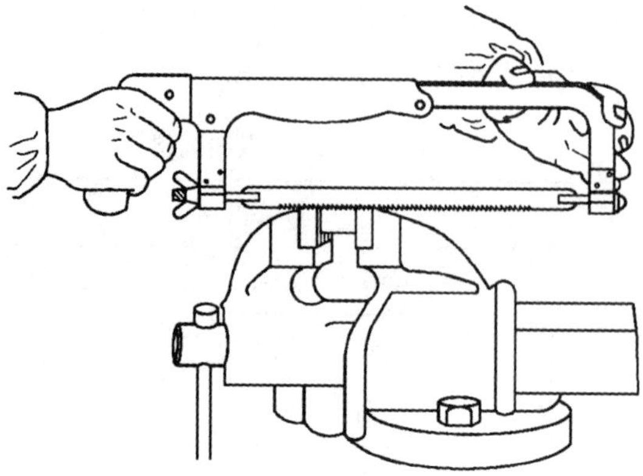

图 2-1-8　手锯握法

（2）姿势。锯削时的站立位置和身体摆动姿势与锉削基本相似，注意摆动要自然。

（3）锯削压力。锯削运动时，推力与压力由右手控制，左手主要配合右手扶正锯弓，压力不要过大。手锯推出时为切削行程，应施加压力，返回行程时不切削，不施加压力做自然拉回。工件将锯断时，右手施加的压力要小，避免压力过大时，锯条断裂伤人。

（4）锯削运动。锯削时锯弓的运动方式有两种：

一种是直线运动，它与平面锉削时锉刀的运动一样。这种方式适合初学者，常用于有锯削尺寸要求的工件，要求初学者认真掌握。另一种是小幅度的上下摆动式运动，即推进时左手上翘，右手下压，回程时右手上抬，左手自然跟回。锯削的速度一般控制在 40 次/min 以内。推进时稍慢，压力适当，保持匀速；回程时不施加压力，速度稍快。

（5）锯条的选用原则。

① 根据被加工工件尺寸精度。

② 根据加工工件的表面粗糙度。

③ 根据被加工工件的大小。

④ 根据被加工工件的材质。

（6）装夹锯条。将锯齿朝前装夹在锯弓上，注意锯齿方向，保证前推时进行切削，锯条的松紧要合适，一般用两个手指的力能旋紧为止。另外，锯条不能歪斜和扭曲，否则锯削时易折断。锯条的安装如图 2-1-9 所示。

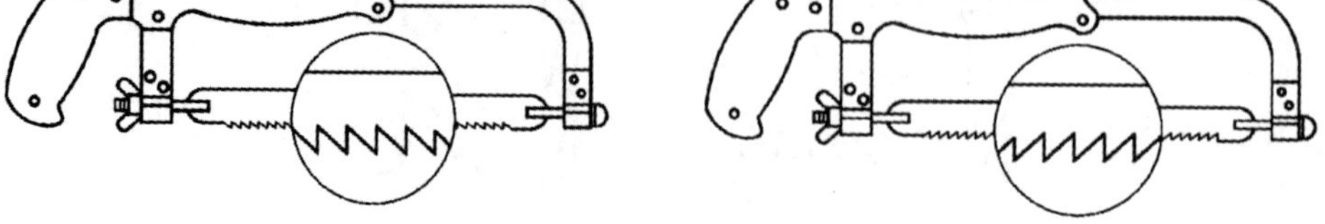

（a）正确　　　　（b）错误

图 2-1-9　锯条的安装

装夹工件应尽可能装夹在台虎钳的左边，以免操作时碰伤左手。工件伸出钳口要短，锯切线离钳口要近，否则锯割时产生颤动。工件要夹牢，不可有抖动。

（7）起锯。起锯时，左手拇指靠住锯条，右手稳推手柄，起锯角（θ）大约为 15°（见图 2-1-10）。起锯角过大，锯齿被工件的棱边卡住，会碰落锯齿；起锯角过小，锯齿不易切入工件，可能打滑而损坏工件的表面。起锯时的锯弓往复行程应短，压力要小，锯条要与工件表面垂直。

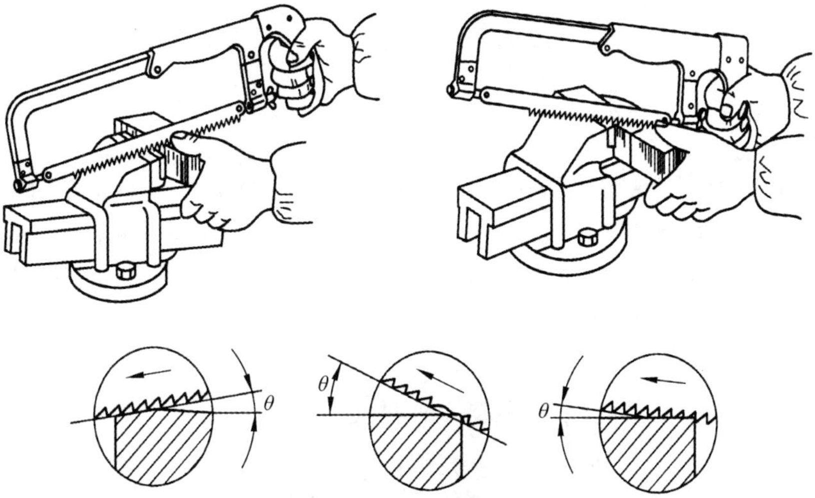

图 2-1-10　起锯方法

5. 锯削的废品分析

（1）锯条折断的原因。

① 锯条安装得过松或过紧。

② 工件装夹不牢固或装夹位置不正确，造成工件松动或抖动。

③ 锯缝歪斜后强行纠正。

④ 运动速度过快，压力太大，锯条容易被卡住。

⑤ 新换锯条仍在老锯缝内，锯削时容易卡锯。

⑥ 工件被锯断时没有减慢锯削速度和减小锯削用力，使手锯突然失去平衡而折断锯条。

（2）锯缝不直或尺寸超差。

① 装夹工件时，锯缝线没有按竖直线放置。

② 锯条安装太松或相对于锯弓平面扭曲。

③ 锯削时用力不正确或锯削速度、频率太快，使锯条左右偏摆。

④ 使用磨损不均的锯条。

⑤ 起锯时尺寸控制不准确或起锯时锯路发生歪斜。

⑥ 锯削过程中眼睛视线没有观察锯条是否与竖直线重合。

6. 锯削的安全文明生产

（1）工件装夹要牢固，即将被锯断时，要防止断料掉下，同时防止用力过猛，将手撞到工件或台虎钳上受伤。

（2）注意工件的安装、锯条的安装，起锯方法、起锯角度的正确，以免一开始锯削就造成废品和锯条损坏。

（3）要适时注意锯缝的平直情况，及时纠正。

（4）在锯削钢件时，可加些机油，以减少锯条与锯削断面的摩擦并冷却锯条，提高锯条的使用寿命。

（5）要防止锯条折断后弹出锯弓伤人。

（6）锯削完毕，应将锯弓上张紧螺母适当放松，将其妥善放好。

三、锉　削

锉削是用锉刀对工件表面进行切削加工的操作（见图 2-1-11）。锉削是钳工基本操作之一，主要用于零配件的修整及精加工。锉削的精度可达到 0.01 mm，表面粗糙度可达 Ra0.8 mm。

锉削可以加工平面、曲面、内外圆弧面及其他复杂表面，也可用于成型样板、模具、型腔以及部件、机器装配时的工件修整等。

图 2-1-11　锉削示意图

1. 锉刀的结构

锉刀由优质碳素工具钢 T12、T13 或 T12A、T13A 制成，经热处理后切削部分硬度达 62 ~ 72HRC。它由锉身和锉柄两部分组成，各部分的名称如图 2-1-12 所示。

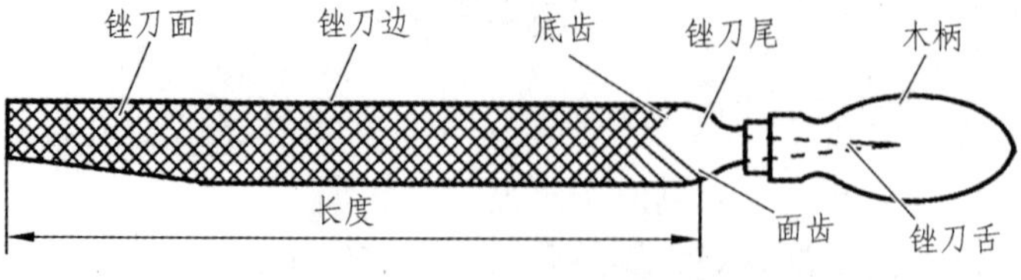

图 2-1-12　锉刀的组成

锉刀有大量锉齿，按锉齿的排列方向分，锉刀的齿纹有单齿纹和双齿纹两种（见图 2-1-13）。

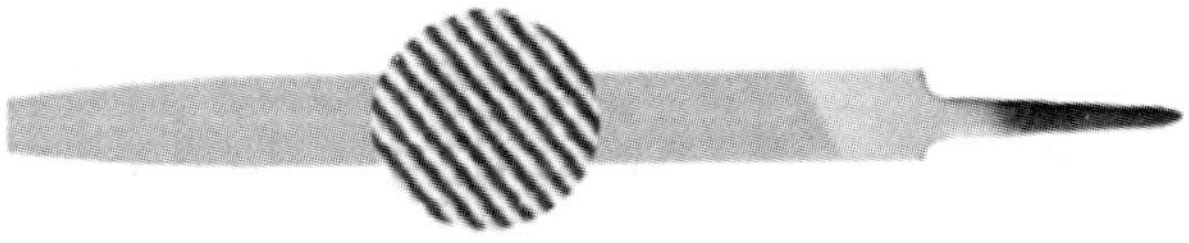

（a）

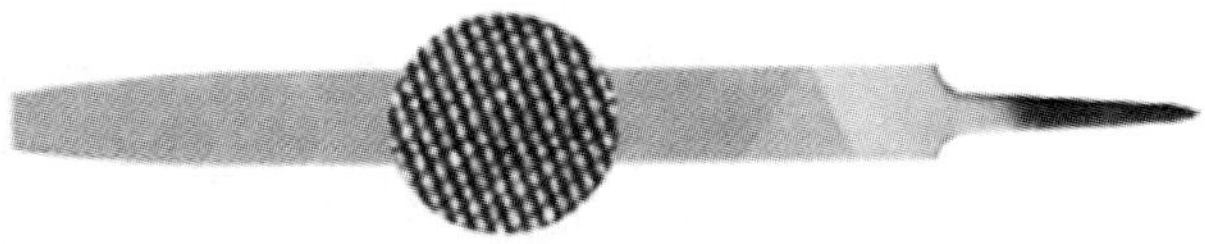

（b）

图 2-1-13 锉刀的齿纹

2. 锉刀的种类特点及应用

锉刀的种类特点及应用见表 2-1-2。

表 2-1-2 锉刀的种类特点及应用

锉刀类型	图示	特点及应用
普通锉	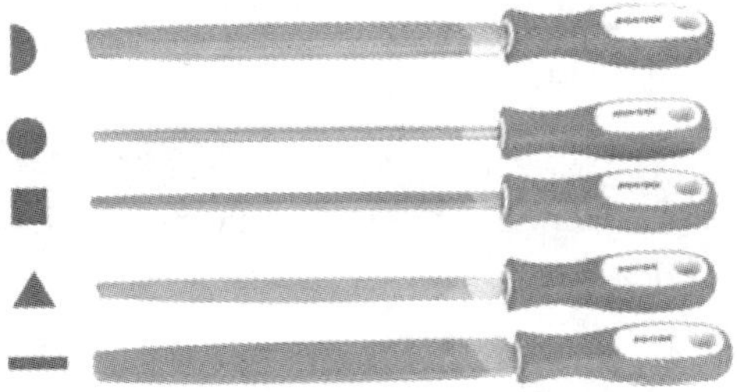	该类锉刀按其断面形状分为平锉、方锉、三角锉、半圆锉和圆锉五种，是钳工最常用的锉削工具
整形锉	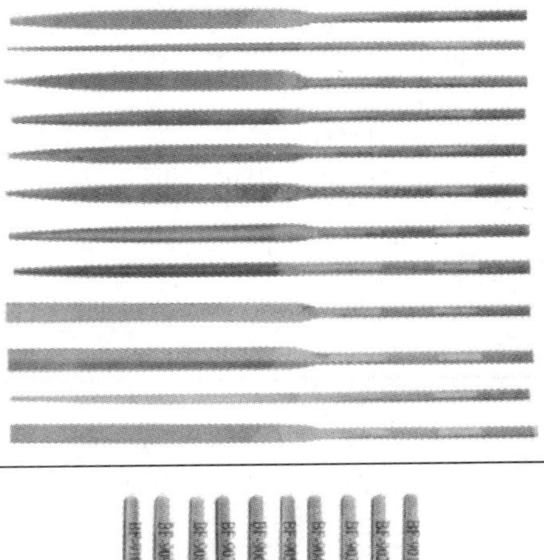	它由多支不同断面形状的锉刀组成，常用的有 5、8、10 支为一组。其断面形状有矩形、方形、三角形、圆形、半圆形、菱形、刀口形、椭圆形、单边三角形等多种。主要用于修整工件上的细小部分
异性锉	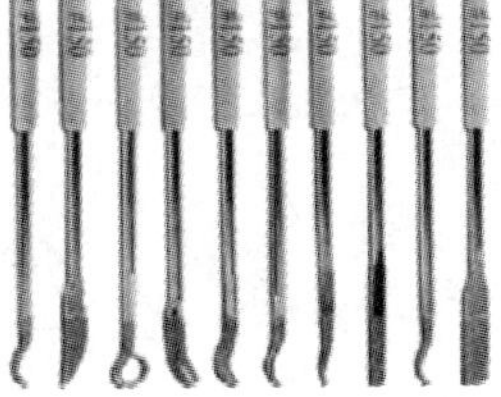	其锉身形状各异，主要用来锉削工件上的特殊表面

3. 锉刀的规格及选用

普通锉刀的锉纹参数见表 2-1-3。

表 2-1-3　锉刀的锉纹参数

长度规格/mm	每 10 mm 主锉纹条数					辅锉纹条数	边锉纹条数	主锉纹斜角 λ		辅锉纹斜角 ω		边锉纹斜角 θ
	锉纹号							1～3 号锉纹	4～5 号锉纹	1～3 号锉纹	4～5 号锉纹	
	1	2	3	4	5							
100	14	20	28	40	56	为主锉纹条数的 75%～95%	为主锉纹条数的 100%～120%	65°	72°	45°	52°	90°
125	12	18	25	36	50							
150	11	16	22	32	45							
200	10	14	20	28	40							
250	9	12	18	25	36							
300	8	11	16	22	32							
350	7	10	14	20	—							
400	6	9	12	—	—							
450	5.5	8	11	—	—							

锉刀的规格分尺寸规格和锉纹的粗细规格。

尺寸规格，圆锉以其断面直径来表示；方锉以其边长来表示；其他锉刀以锉刀的锉身长度表示，常用的有 100 mm、150 mm、200 mm、250 mm、300 mm 等几种。

锉刀齿纹粗细规格的选用见表 2-1-4。

表 2-1-4　锉刀齿纹粗细规格的选用

锉刀粗细	适用场合		
	锉削余量/mm	尺寸精度/mm	表面粗糙度 Ra/μm
1 号（粗齿锉刀）	0.5～1	0.2～0.5	100～25
2 号（中齿锉刀）	0.2～0.5	0.05～0.2	25～6.3
3 号（细齿锉刀）	0.1～0.3	0.02～0.05	12.5～3.2
4 号（双细齿锉刀）	0.1～0.2	0.01～0.02	6.3～1.6
5 号（油光锉）	0.1 以下	0.01	1.6～0.8

锉刀的选择应根据工件表面形状、尺寸大小、材料的性质、加工余量的大小以及加工精度和表面粗糙度要求的高低来选用。锉刀断面形状应与工件被加工表面形状相适应。其具体选用如图 2-1-14 所示。

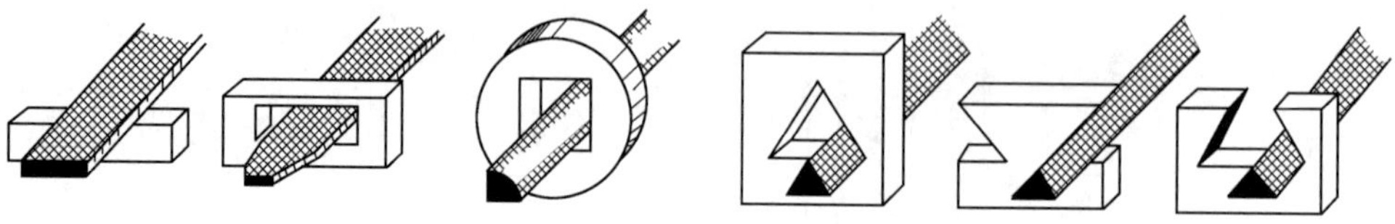

（a）板锉　　（b）方锉　　（c）三角锉

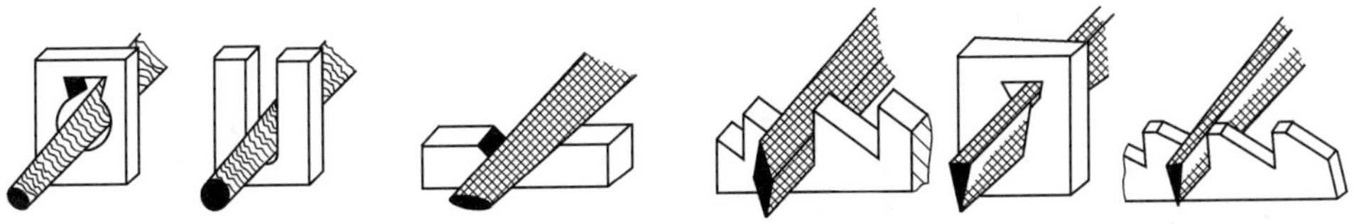

（d）圆锉　　（e）半圆锉　　（f）菱形锉　　（g）刀口锉

图 2-1-14　不同加工表面使用的锉刀

4. 锉削的技能练习

（1）锉刀握法。

① 右手紧握锉柄，柄端抵在拇指根部的手掌上，大拇指放在锉柄上部，其余手指由下而上地握着锉柄。

② 左手的基本握法是将拇指根部的肌肉压在锉刀上，拇指自然伸直，其余四指弯向手心，用中指、无名指捏住锉前端。

③ 锉削时右手推动锉刀并决定推动方向，左手协同右手使锉刀保持平衡。

板锉的握法如图 2-1-15 所示。

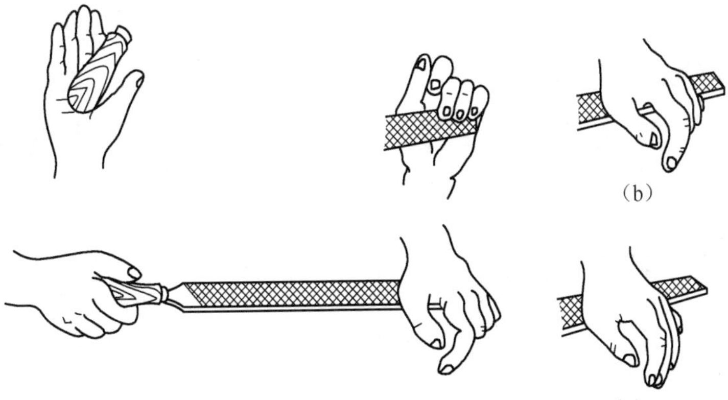

（a）　（b）　（c）

图 2-1-15　板锉的握法

锉削时的站立步位和姿势如图 2-1-16 所示。

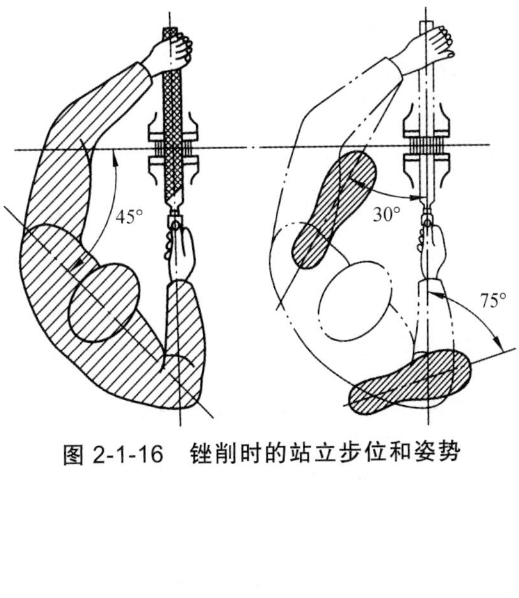

图 2-1-16　锉削时的站立步位和姿势

锉削动作如图 2-1-17 所示。

图 2-1-17　锉削动作

（2）锉削力的锉削速度。

锉削用力方法如图 2-1-18 所示。

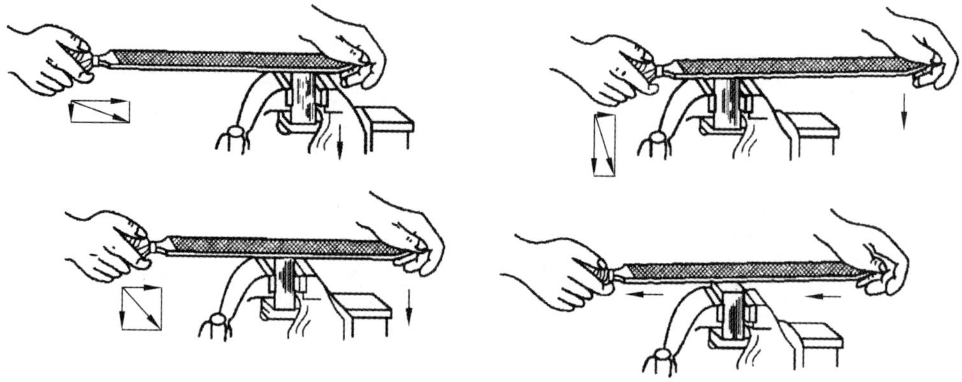

图 2-1-18　锉削用力方法

（3）锉削方法。

常用的锉削方法有顺向锉（见图 2-1-19）、交叉锉（见图 2-1-20）、推锉（见图 2-1-21）和滚锉。前 3 种锉法用于平面锉削，后一种用于弧面锉削。

顺向锉是最基本的锉法，适用于平面较小且加工余量也较小的锉削。顺向锉可得到平直的锉纹，使锉削的平面较为整齐美观。交叉锉适用于粗锉较大的平面。由于锉刀与工件接触面增大，锉刀易掌握平稳，因此交叉锉易锉出较平整的平面。交叉锉之后要转用顺向锉法进行修光。

推锉仅用于修光，尤其是窄长平面或用在顺锉法受阻的情况。推锉时两手横握锉刀，沿工件表面平稳地推拉锉刀，可得到平整光洁的表面。锉削平面时，工件的尺寸可用钢尺或游标卡尺测量。工件平面的平直及两平面之间的垂直情况，可用直角尺贴靠，用是否透光来检查（见图 2-1-22）。

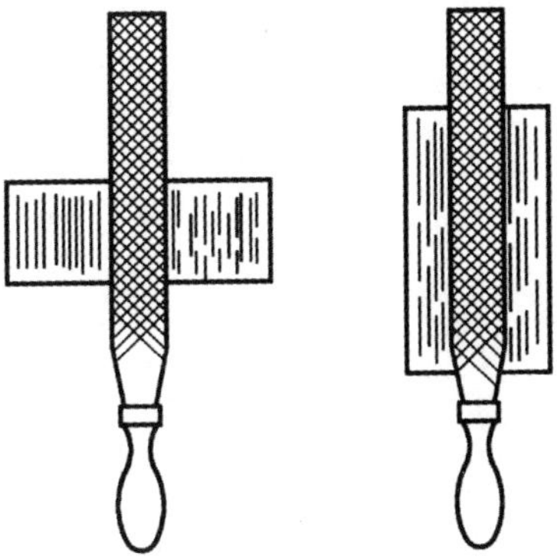

图 2-1-19　顺向锉

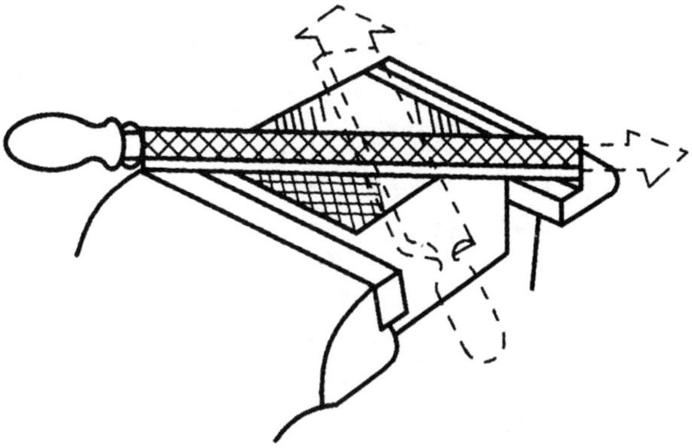

图 2-1-20　交叉锉

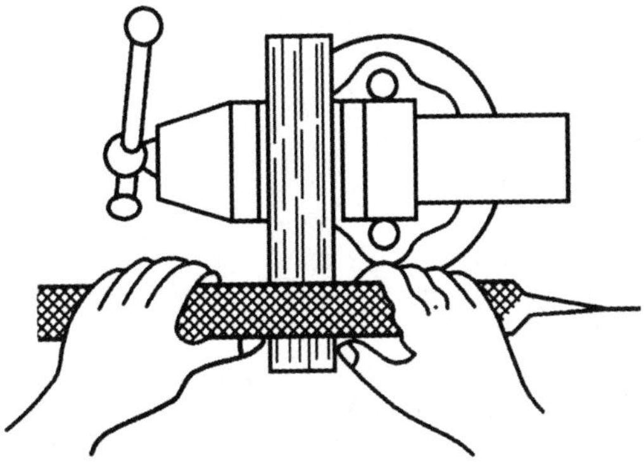

图 2-1-21　推锉

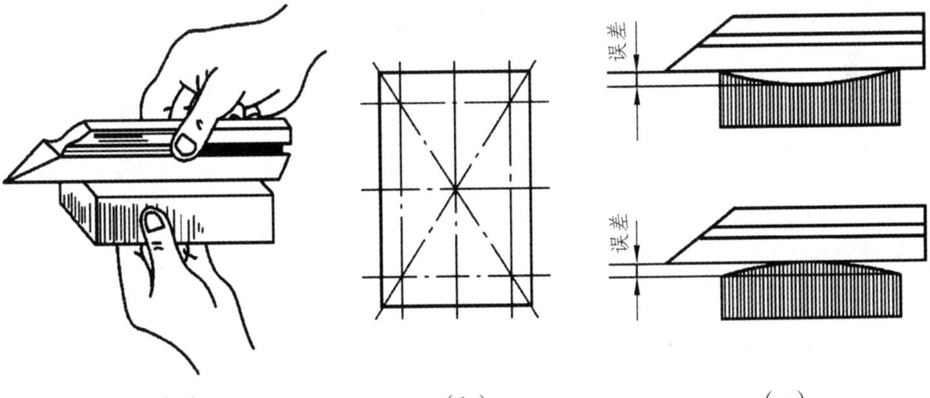

（a）　（b）　（c）

图 2-1-22　刀口尺透光检测

刀口形直尺在检查平面上移动位置时，不能在平面上拖动，否则直尺的测量边容易磨损而降低其精度。

5. 锉削安全文明生产

（1）锉刀放置时不要露出钳台边外，以防跌落伤人。

（2）不能用嘴吹铁屑或用手清理铁屑，以防伤眼或伤手。

（3）不使用无柄或手柄开裂的锉刀。

（4）锉削时不要用手去摸锉削表面，以防锉刀打滑而造成损伤。

（5）锉刀不得沾油和沾水。锉屑嵌入齿缝必须用钢刷清除，不允许用手直接清除。

任务实施

錾口锤头的制作：

（1）领取生产任务单，按 7S 现场管理规定，做好防护措施，穿好工作服，戴好工作帽，下达任务，分组协作（见表 2-1-5）。

表 2-1-5　小组分配表

（小组称号）		
小组成员	姓名	主要职责
组长		
安全员		
工具员		
材料员		
组员		

（2）分小组，制订学习计划，填写工量具清单见表 2-1-6。

表 2-1-6　工量具清单

序号	名称	规格	数量
1			
2			
3			
4			
5			
6			
7			

（3）工作准备，对錾口锤头的认识，对錾口榔头材料性能的认识，掌握錾口锤头的制图知识和机械加工的知识。

（4）领取图纸（见图 2-1-23），读图、查找资料，进行錾口锤头的制作。

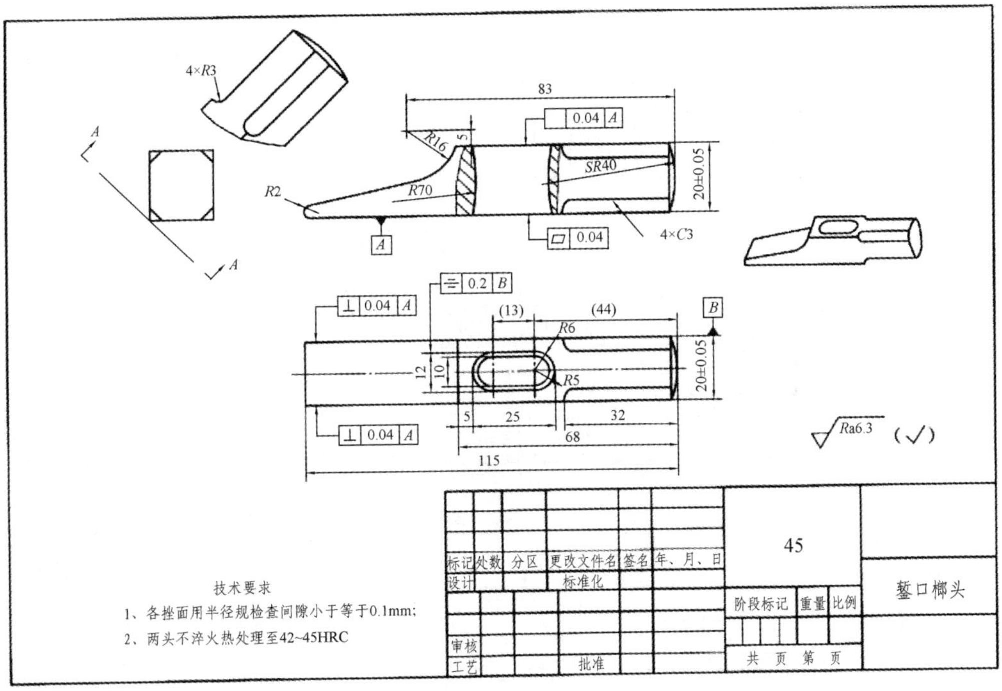

图 2-1-23 錾口锤头加工图纸

（5）加工步骤见表 2-1-7。

表 2-1-7 制作錾口锤头的操作步骤

步骤	图示	操作内容及注意事项
1. 检查毛坯	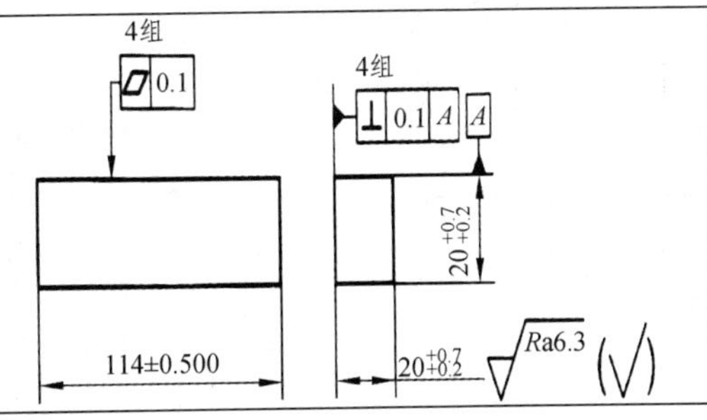	按图示检查毛坯： 1）毛坯清理 2）核查毛坯工件尺寸
2. 加工 20 mm×20 mm 长方体	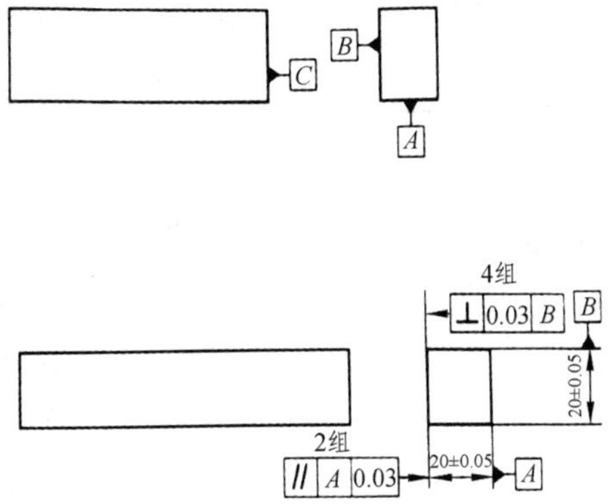	按图样要求锉削 20 mm×20 mm 长方体： 1）锉削加工基准面 *A*，选 114 mm×20.5 mm 四个表面中平面度较好的一个加工，并保证其平面度 2）锉削加工 *A* 面的对面，用游标卡尺检查 20 mm 尺寸 3）锉削加工 *A* 面的一个邻面，以 *A* 面为基准用直角尺测量垂直度，直至符合要求 4）锉削加工 *A* 面的另一个邻面，用游标卡尺检查 20 mm 尺寸，直至符合要求

续表

步骤	图示	操作内容及注意事项
3. 锉一端面	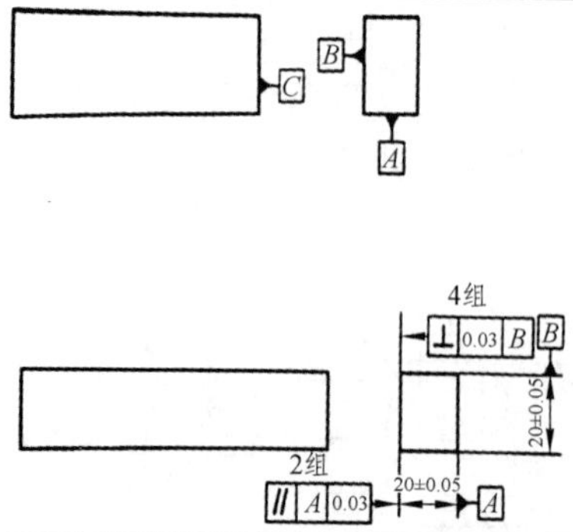	锉削加工端面 *C*，保证其与 *A* 面和 *B* 面垂直。同时，保证表面粗糙度要求
4. 划形体加工线	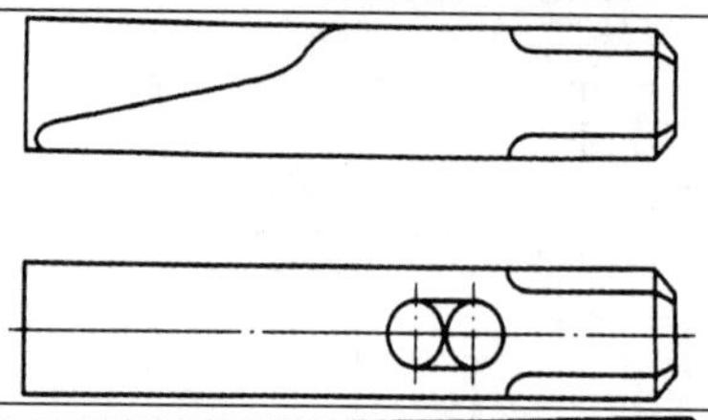	将工件需要划线的部位涂上蓝油，厚度要适中均匀。然后以 *A* 面和编面为基准，用錾口锤头划线样板划出形体加工线（两面同时划出），并按图样尺寸划出 4×*C*3 倒角加工线
5. 锉倒角	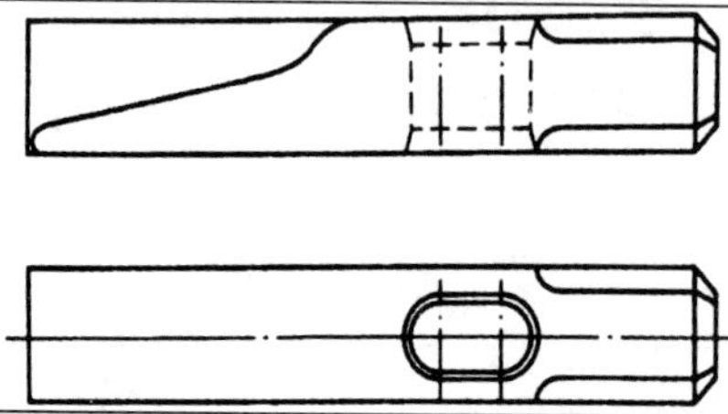	锉 *C*3 倒角至要求： 1）用圆锉粗锉出 *R*3.5 mm 圆弧 2）用平锉粗、细锉倒角 3）再用圆锉细锉 *R*3.5 mm 圆弧，修整后用砂布打光
6. 加工腰孔	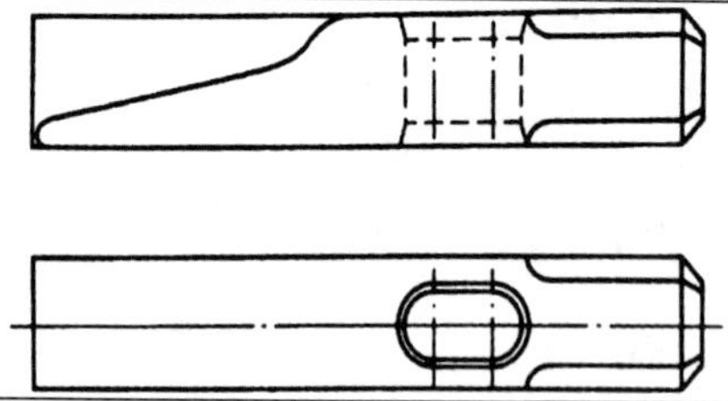	按图样加工腰孔： 1）按图样加工腰孔加工线及钻孔检查线，并用 ϕ9.7 mm 钻头钻孔 2）用圆锉锉通两孔，然后按图样要求锉好腰孔 3）将腰孔各面倒出 1 mm 弧形喇叭口
7. 锯、锉斜面及内外圆弧面	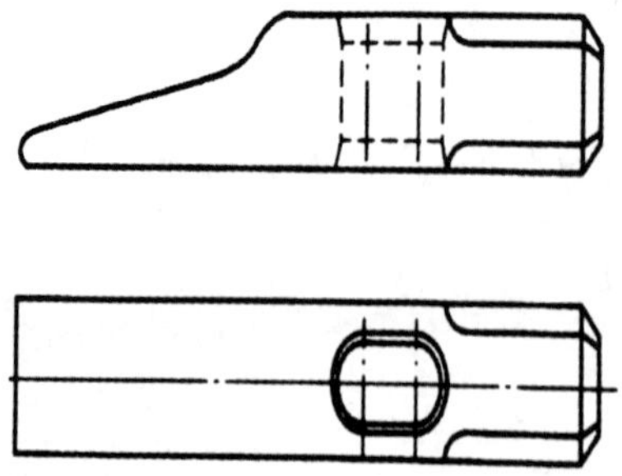	锯、锉斜面及内外圆弧面： 1）按线在 *R*12 mm 处钻 5 mm 孔，用手锯锯去多余材料 2）用半圆锉按线粗锉 *R*12 mm 内圆弧面，用平锉粗锉斜面与 *R*8 mm 圆弧面至划线线条 3）用细平锉细锉斜面 4）用半圆锉细锉 *R*12 mm 内圆弧面 5）用细平锉细锉 *R*8 mm 外圆弧面 6）锉 *R*2.5 mm 圆头，并保证总长尺寸 112 mm 7）用细锉做推锉修整，达到各面连接圆滑、光洁、纹理齐整
8. 检查验收		按图样技术要求进行检验

评价反馈

操作完毕，按表 2-1-8、表 2-1-9 进行评分。

表 2-1-8　评分表

项目	序号	考核要求	配分		实测结果	得分
			IT	*Ra*		
锉削	1	20±0.05	6	2		
	2	20±0.05	6	2		
	3	∥ 0.04 A	4			
	4	3.5×45°四处	8			
	5	*R*3.5	8			
	6	⊥ 0.04 A	4			
	7	*R*8*R*12 连接光滑	14			
	8	⏥ 0.04	10	2		
	9	*R*3 圆弧面光滑	8	2		
	10	112±1	4			
孔	11	⌯ 0.25 B	8			
	12	10±0.2	4			
安全文明	13	遵守安全操作规程，正确使用工量具、夹具，操作现场整洁	4			
	14	安全使用设备，无人身、设备事故	4			

表 2-1-9　组评表

评价指标	评价情况	
与其他同学口头交流学习内容是否顺畅	是：	否：
是否能接受小组成员的意见	是：	否：
是否服从教师的教学安排	是：	否：
着装是否符合标准	是：	否：
能否正确地领会他人提出的学习问题	是：	否：
能否按照安全和规范的规程操作	是：	否：
能否辨别工作环境中哪些是危险的因素	是：	否：
能否合理规范地使用工具和仪器	是：	否：
能否保持学习工作环境的干净整洁	是：	否：
能否遵守学习场所的规章制度	是：	否：
是否有工作岗位的责任心	是：	否：
是否全勤	是：	否：
是否能正确对待自己的错误	是：	否：
是否能保持团队合作	是：	否：

任务 2　凹凸件的制作

学习目标

（1）掌握锉配基础知识及操作技能。
（2）能说明凹凸件制作的工艺步骤和制作方法。
（3）掌握孔加工（钻、扩、铰孔）的基本技能。
（4）能够按照 7S 管理使用实训场地、工量器具。
建议学时：24 学时。

任务描述

按照图 2-2-1 所示工件图样的要求，制作凹凸形工件。

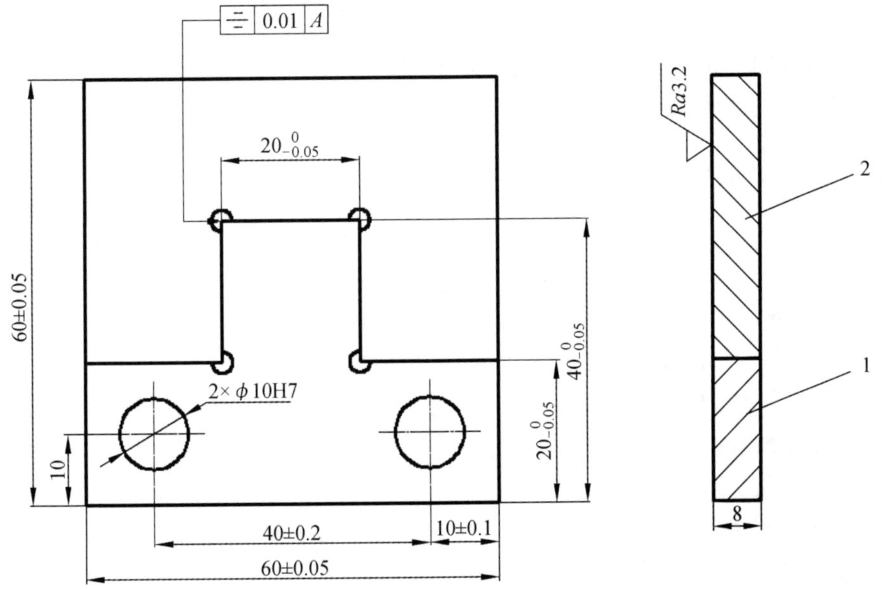

技术要求：件 1 作为基准，件 2 配作，按图示位置（包括翻转）检查两件，配合间隙≤0.05 mm。

图 2-2-1　凹凸形工件图形

任务分析

掌握正确的镶配操作技能将为下一阶段进行燕尾锉配打下基础。本任务的重点是要掌握孔加工、锉配操作技能。

相关知识

孔加工

钻床是钳工常用的孔加工机床，在钻床上可进行钻孔、扩孔、锪孔、铰孔和攻螺纹等多项操作，如图 2-2-2 所示。机修钳工常用的是钻床、立式钻床和摇臂钻床等。

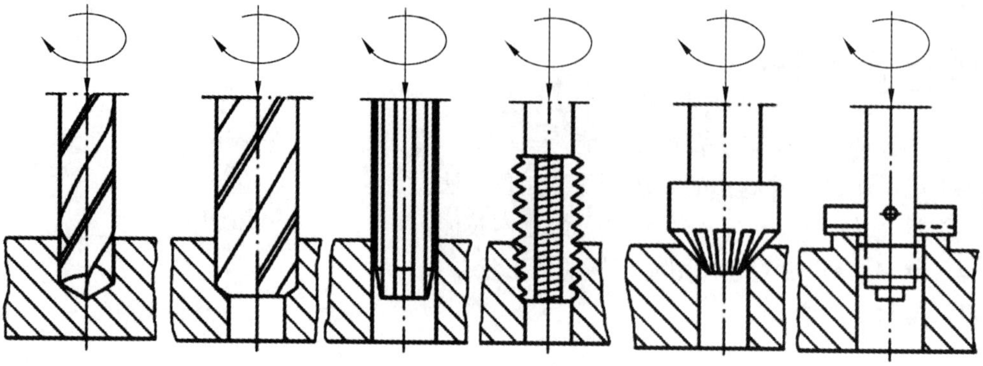

（a）钻孔　（b）扩孔　（c）铰孔　（d）攻螺纹　（e）锪埋头孔　（f）锪平面

图 2-2-2　钻床的应用

一、台式钻床

台式钻床简称台钻，是一种小型钻床，它具有结构简单、操作方便、生产效率高、灵活性强、易于维修等特点，应用较为广泛。

1. Z4112 型台钻的技术规格

最大钻孔直径/mm	ϕ12
立柱直径/mm	ϕ70
主轴最大行程/mm	100
主轴中心线至立柱表面距离/mm	193
主轴端面至工作台最大距离/mm	332
主轴端面至底座最大距离/mm	565
主轴锥度	（模式）B16
主轴转速范围/（r/min）	480 ~ 4 100
主轴转速级数/级	5
电动机功率/W	370
工作台面尺寸/mm	256 × 256
底座工作台面尺寸、总高/mm	528 × 360、1 037

2. Z4112 型台钻的结构

如图 2-2-3 所示 Z4112 型台钻，该台钻主要由底座、立柱、工作台、机头、主轴、主轴变速机构、进给机构、电气控制部分以及电动机等组成。

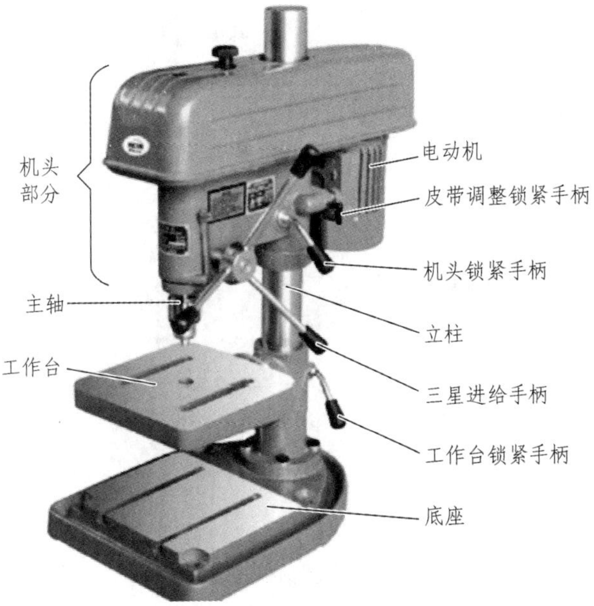

图 2-2-3　Z4112 型台钻

（1）底座。底座（下工作台）中间有两条 T 形槽，用来固定工件或夹具。

（2）立柱。立柱截面为圆形，用来支承工作台和机头。

（3）工作台。工作台主要用来安放被加工工件，它可沿立柱上下移动，并能绕立柱转动到任意位置，同时工作台自身还可左右倾斜 45°。

（4）机头。机头安装在立柱上，它可沿立柱上下调整所需高度，并能绕立柱转动。在机头下面有一支撑保险环。

（5）主轴。主轴是钻床的“心脏”，在下端装有钻夹头，主要用来安装孔加工刀具和传递扭矩。

（6）主轴变速机构。该机构采用塔轮变速方法，如图 2-2-4 所示。通过改变 V 形带的位置，可实现 5 种不同的转速。皮带初拉力的调整靠电动机前后移动来完成。

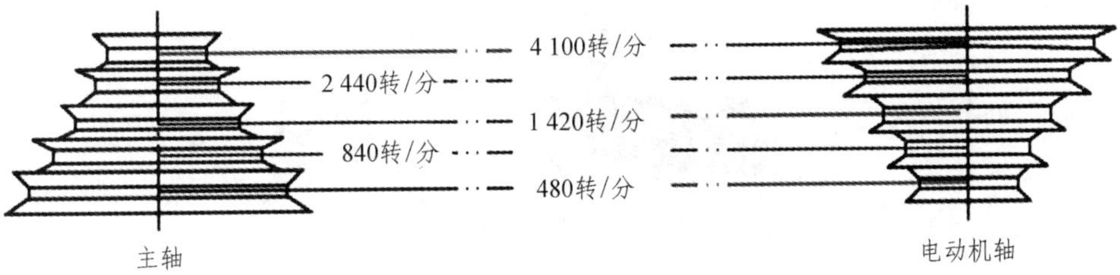

图 2-2-4　台钻的主轴变速机构

（7）进给机构台钻通常只有手动进给。如图 2-2-5 所示，三星进给手柄带动齿轮轴转动，再由齿轮轴带动与其啮合的主轴套筒产生移动。在主轴套筒下端的侧面装有进给标尺。在齿轮轴的另一端装有弹簧，使主轴自抬起复位。

（8）电气控制部分。在机头的侧面装有电气控制开关，可使主轴正转或停车。

图 2-2-5　台钻的进给机构

二、钻孔、扩孔、铰孔

1. 钻　孔

用钻头在实体材料上加工孔的方法称为钻孔，如图 2-2-6 所示。在钻床上进行钻孔时，钻头的旋转是主运动，钻头沿轴向移动是进给运动。

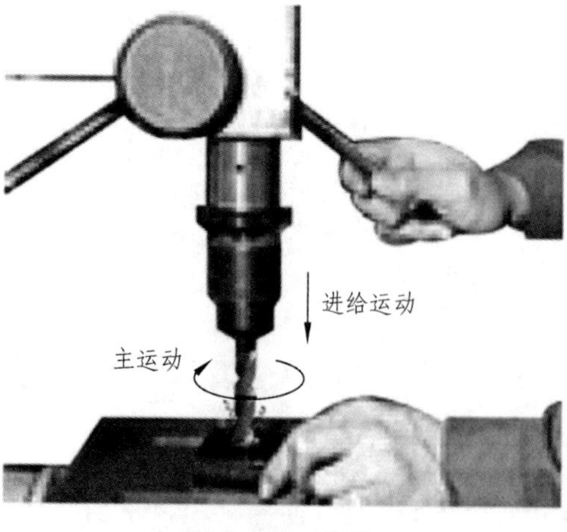

图 2-2-6　钻孔

（1）钻削的特点。钻削时由于钻头是在半封闭的状态下进行切削加工，因此，钻削加工具有以下特点：

① 切削量大，排屑困难。

② 切削温度高，散热困难，钻头易磨损。

③ 摩擦严重，易产生切削“积屑瘤”。

④ 钻头细而长，钻孔时容易产生振动。

⑤ 加工精度低，钻孔的尺寸精度一般在 IT11 ~ IT10 之间，表面粗糙度值一般在 *Ra*100 ~ 25 之间。

（2）麻花钻的组成。麻花钻是指容屑槽由螺旋面构成的钻头，钻体部分形状像麻花一样，如图 2-2-7 所示。它是钳工常用的主要钻孔刀具，其工作部分用 W6Mo5Cr4V2 或其他同等性能的普通高速钢制造，热处理淬火后硬度达 62.5 ~ 66.5HRC；也可用高性能高速钢制造，淬火后硬度可达 64 ~ 68HRC。

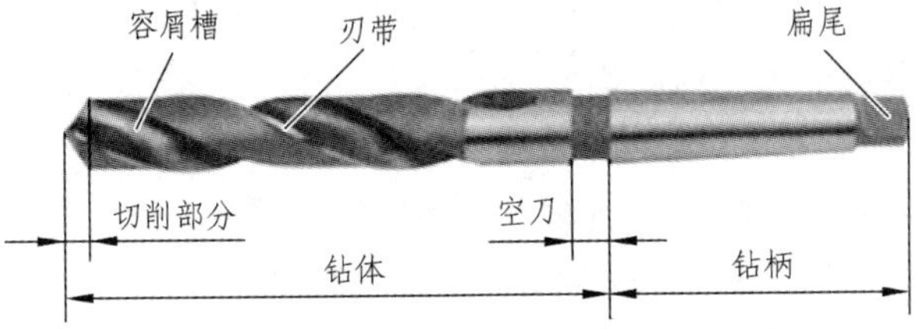

图 2-2-7　麻花钻的组成

（3）麻花钻的主要几何角度。由于麻花钻的结构较为复杂，在学习麻花钻的几何角度之前，首先要了解与其相关的几个辅助平面，见表 2-2-1。

表 2-2-1　与麻花钻几何角度相关的辅助平面

名称	定义及说明	图示
结构基面	与主切削刃上的外缘转点和横刃转点连线相平行，且通过钻心的平面	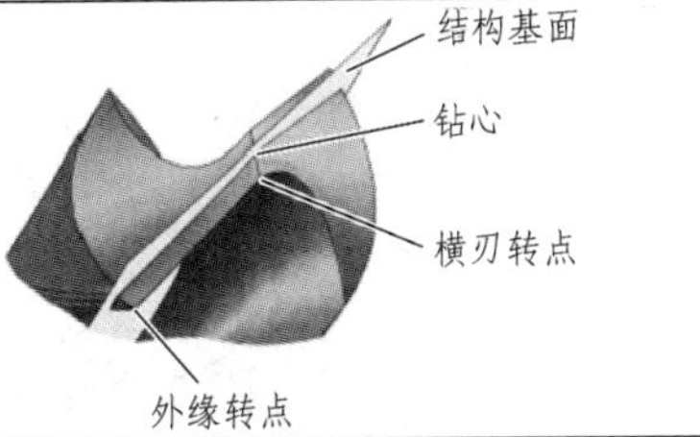
基面	通过切削刃选定点，且垂直于该点切削速度方向的平面，实际上是通过该点与钻心连线的径向平面。由于麻花钻两主切削刃不通过钻心，所以主切削刃上各点的基面也就不同	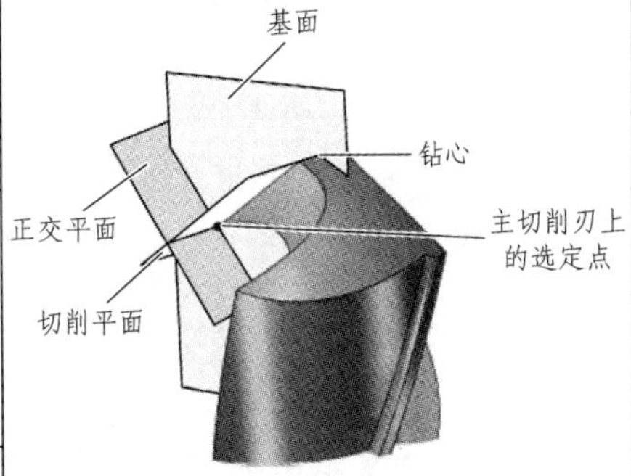
切削平面	切削刃选定点的切削平面，是由该点的切削速度方向和过该点切削刃的切线两者所成的平面。标准麻花钻主切削刃为直线，其切线就是钻刃本身。切削平面即为该点切削速度方向与钻刃构成的平面	
正交平面	通过主切削刃上选定点并垂直于基面和切削平面的平面	
柱剖面	通过主切削刃上选定点作与麻花钻轴线平行的直线，该直线绕麻花钻轴线旋转所形成的圆柱面的切面	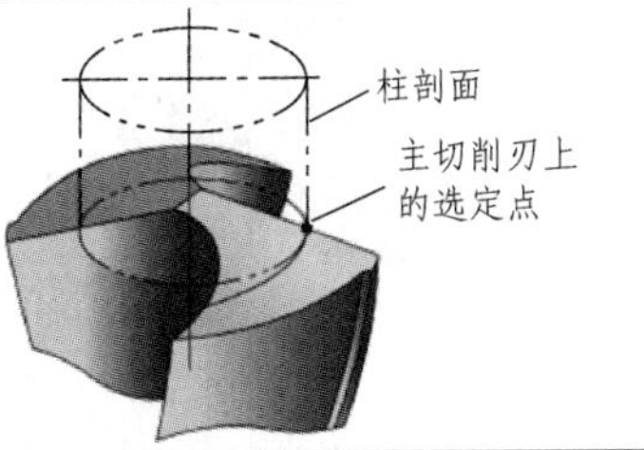

麻花钻的主要几何角度有螺旋角、顶角、前角、后角、横刃斜角等，如图 2-2-8 所示。

（4）标准麻花钻的缺点。

① 横刃较长，横刃处前角为负值，在切削中，横刃处于挤刮状态，产生很大的轴向力，定心不太好。

② 主切削刃上各点前角大小不一样，致使各点的切削性能不同，磨损严重。

③ 麻花钻刃带处的副后角为零。靠近切削部分的刃与孔壁摩擦比较严重，产生热量大，易磨损。

④ 主切削刃外缘处的刀尖角较小，前角很大，刀齿薄弱，而此处的切削速度最高，故产生切削热最多，磨损极为严重。

⑤ 主切削刃长，且全宽参与切削，分屑、断屑、排屑困难。

（5）标准麻花钻修磨。由于麻花钻存在诸多缺点，因此在使用前，应根据工件材料和加工精度要求的不同，采取必要的修磨措施，以改善麻花钻的切削性能。其修磨方法和要求见表 2-2-2。

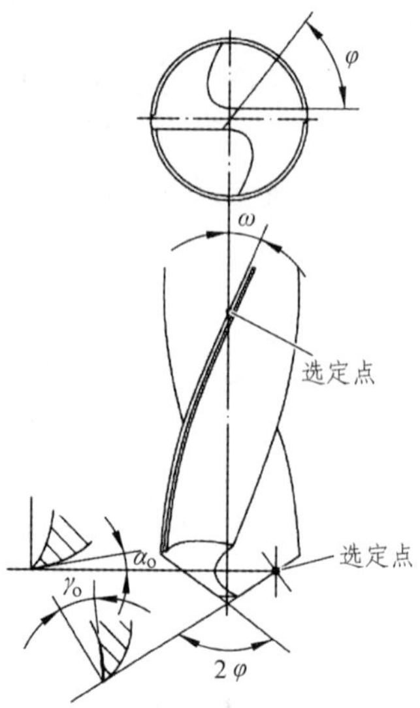

图 2-2-8　麻花钻的几何角度

表 2-2-2　麻花钻的修磨方法及要求

修磨部位	修磨方法及要求	图示
磨短横刃并增大靠近钻心处的前角	这是最基本的修磨方式。修磨后横刃的长度 b 为原来的 1/5 ~ 1/3，以减小轴向抗力和挤刮现象，提高麻花钻的定心作用和切削的稳定性。同时，在靠近钻心处形成内刃，内刃斜角 $\tau = 20° \sim 30°$，内刃处前角 $\gamma_\tau = -15° \sim 0°$，切削性能得以改善。一般直径在 5 mm 以上的麻花钻均须修磨横刃	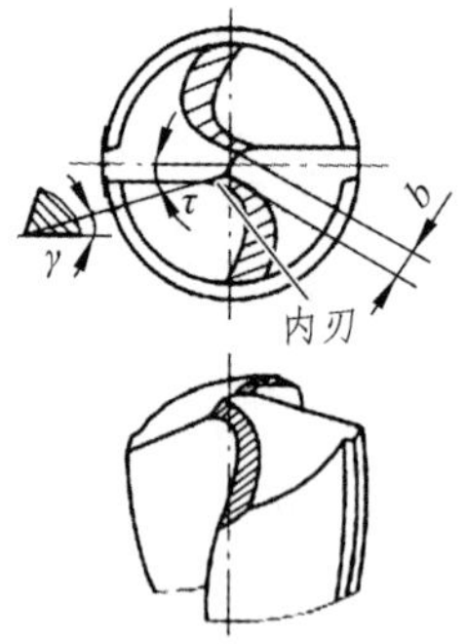
修磨主切削刃	主要是磨出第二顶角 $2\varphi_0$（$70° \sim 75°$）。在麻花钻外缘处磨出过渡刃（$f_0 = 0.2d$），以增大外缘处的刀尖角 ε，改善散热条件，增加刀齿强度，提高切削刃与刃带交角处的耐磨性，延长麻花钻寿命，减少孔壁的残留面积，有利于减小孔的粗糙度值	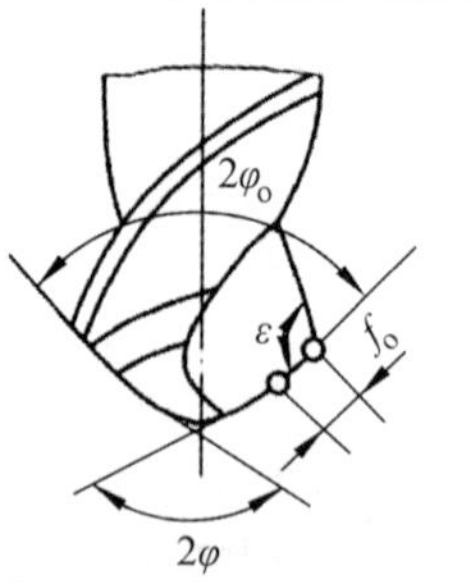
修磨刃带	在靠近主切削刃的一段刃带上，磨出副后角 $\alpha_{01} = 6° \sim 8°$，并保留刃带宽度为原来的 1/3 ~ 1/2，以减少对孔壁的摩擦，提高麻花钻寿命	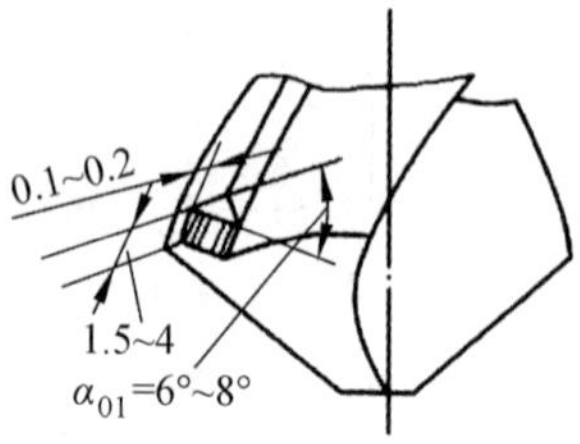

续表

修磨部位	修磨方法及要求	图示
修磨前面	修磨外缘处前面，可以减小此处的前角，提高刀齿的强度，钻削黄铜时，可以避免“扎刀”现象	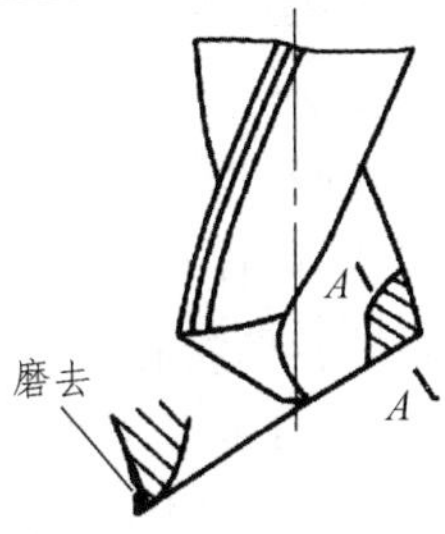
修磨分屑槽	在两个后面或前面上磨出几条相互错开的分屑槽，使切屑变窄，以利排屑。直径大于 15 mm 的麻花钻都可磨出分屑槽	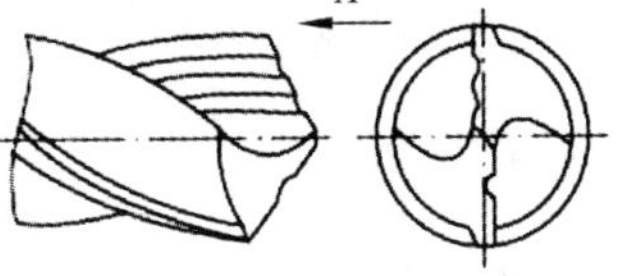 (a)前面开槽 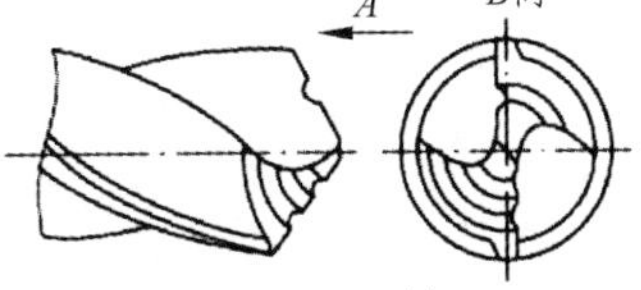 (b)后面开槽

（6）钻孔的操作要点。

① 钻孔前要检查工件加工孔位置和麻花钻刃磨是否正确，钻床转速是否合理。

② 起钻时，先钻出一浅坑，观察钻孔位置是否正确，并不断修正。

③ 当起钻达到钻孔位置要求后，即可压紧工件完成钻孔。

④ 钻孔时进给量要选择合理，钻孔将穿透时，必须减小进给力，以免造成麻花钻折断或发生事故。

⑤ 为了提高麻花钻寿命和改善加工孔的表面质量，钻孔时要选择合适的切削液。

2. 扩　孔

用扩孔刀具对工件上原有的孔进行扩大加工的方法称为扩孔。标准扩孔钻的结构及扩孔原理如图 2-2-9 所示。

（1）扩孔的特点。

① 扩孔钻因中心不切削，无横刃，切削

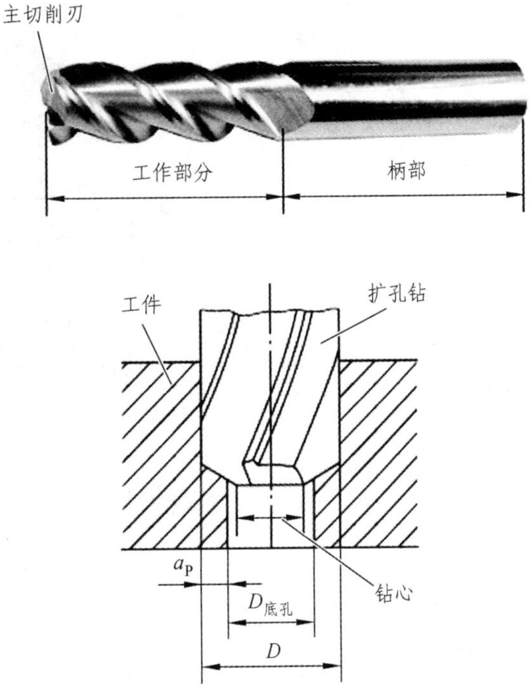

图 2-2-9　扩孔钻的结构及扩孔原理

刃只做成靠边缘的一段，避免了横刃切削所引起的不良影响。

② 因扩孔产生的切屑体积小，不需大容屑槽，扩孔钻可加粗钻心，提高刚度，切削平稳。

③ 由于容屑槽较小，扩孔钻可做出较多的刀齿，以增强导向作用，一般整体式扩孔钻有3或4个主切削刃。

④ 扩孔时，背吃刀量较小，切屑易排出，切削阻力小。

（2）扩孔的操作要点。

① 用扩孔钻扩孔时，底孔直径约为所要求直径的0.9倍，进给量为钻孔时的1.5～2倍，切削速度为钻孔时的1/2。当采用手动进给时，进给量要均匀一致。

② 在实际生产中，也常用麻花钻代替扩孔钻使用，一般用麻花钻扩孔时，底孔直径约为所要求直径的0.5～0.7倍。

③ 用麻花钻扩孔时，应适当减小麻花钻的前角，以防扩孔时扎刀。

3. 铰　孔

用铰刀从工件孔壁上切除微量金属层，以获得较高的尺寸精度和较小的表面粗糙度值，这种对孔精加工的方法称为铰孔。如图2-2-10所示。

图2-2-10　铰孔

（1）铰刀的种类。铰刀的种类繁多，常用的铰刀有手用整体圆柱铰刀、机用整体圆柱铰刀、手用可调节铰刀、螺旋槽铰刀、维铰刀等，其结构形状、特点及应用见表2-2- 3。

表2-2-3　铰刀的种类

种类	图标	特点及应用
手用整体圆柱铰刀		手用铰刀用W6Mo5Cr4V2或其他同等性能的高速钢制造，其工作部分硬度达63～66HRC；也可用9SiCr或其他同等性能的合金工具钢制造，工作部分硬度达62～65HRC。手用整体圆柱铰刀的切削部分较长，刀齿做成不均匀分布形式，铰孔时定心好、轴向力小，具有操作方便等特点，应用较为广泛
机用整体圆柱铰刀		机用铰刀用W6Mo5Cr4V2或其他同等性能的高速钢制造，其工作部分硬度达63～66HRC。它分直柄和莫氏锥柄两种，其切削锥角较大，校准部分较短，刀齿做成均匀分布形式

续表

种类	图标	特点及应用
手用可调节铰刀		调节两端螺母可使刀条沿刀体中的斜槽作轴向移动，以改变铰刀的直径。它适用于修配、单件生产以及特殊尺寸（非标）情况下铰削通孔
螺旋槽铰刀		螺旋槽铰刀的切削刃沿螺旋线分布，铰孔时切削平稳，铰出的孔壁光滑。铰刀的螺旋槽方向一般是左旋，以避免铰削时因铰刀顺时针转动而产生自动旋进现象，同时还能使铰下的切屑容易被推出孔外。常用于铰削带有键槽的孔，可防止铰孔时键槽勾住刀刃
锥铰刀	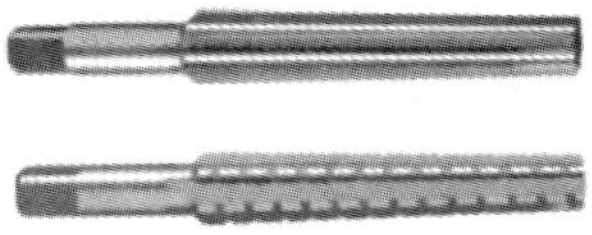	用以铰削圆锥孔。按锥度比分为 1∶10 锥铰刀、1∶30 锥铰刀、1∶50 锥铰刀和莫氏锥铰刀。由于锥铰刀的刀刃全部参加切削，其负荷较重，铰削费力。因此，对于锥度比较大的铰刀分为多支一套，其中粗铰刀的刀刃上开有螺旋形分布的分屑槽，以减轻铰削负荷

（2）铰刀的结构。铰刀的结构如图 2-2-11 所示。铰刀（以整体式圆柱铰刀为例）由柄部和刀体组成。刀体是铰刀的主要工作部分，它包含导锥、切削锥和校准部分。导锥用于将铰刀引入孔中，不起切削作用；切削锥承担主要的切削任务；校准部分有圆柱刃带，主要起定向、修光孔壁、保证铰孔直径等作用。为了减小铰刀和孔壁的摩擦，校准部分的直径有倒锥度。铰刀齿数一般为 4～8 齿，为测量直径方便，多采用偶数齿。

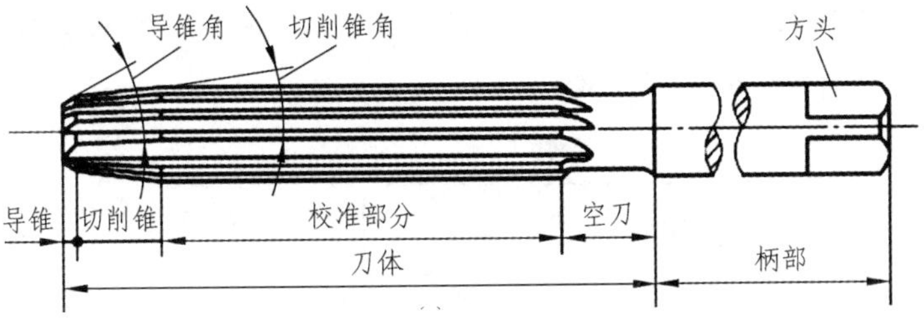

（a）手用

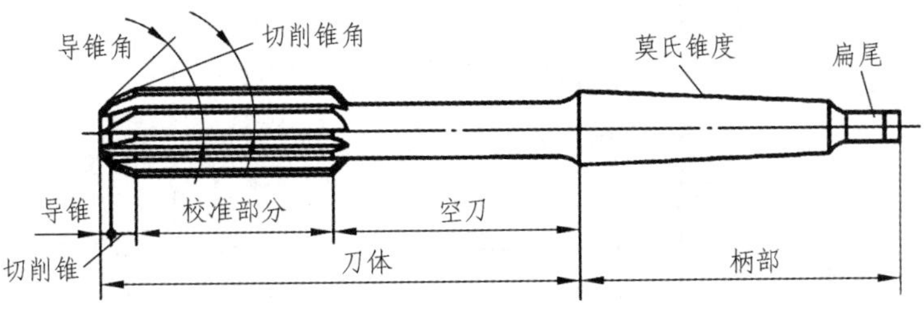

（b）机用

图 2-2-11　整体式圆柱铰刀

4. 安全文明生产知识

（1）操作钻床时不准戴手套，清除切屑时不准用手拿或用嘴吹碎屑，并尽量停车清除。

（2）工件要夹紧，孔快钻穿时要尽量减小进给力。

（3）开动钻床前，应检查是否有钻夹头钥匙或楔铁插在钻轴上。

（4）操作钻床时，头部不准与旋转的主轴靠得太近，钻床变速前应先停车。

（5）钻通孔时，工件下面必须垫上垫铁或使麻花钻对准工作台的槽，以免损坏工作台

（6）清洗钻床或加注润滑油时，必须切断电源。

（7）铰刀是精加工工具，刀刃较锋利，刀刃上如有毛刺或切屑黏附，不可用手清除，用油石小心地磨去。

（8）铰圆柱通孔时，铰刀夹持要牢，以免铰刀跌落而损坏。

（9）铰刀使用完毕要擦净并涂上机油，放置时保护好刀刃，以防与硬物碰撞而损。

任务实施

一、准备工作

1. 锉配凹凸件

凸凹件见图 2-2-1，其加工步骤如下：按图样 2-2-1 要求加工 2 件外廓基准面，达到尺寸 62 mm × 42 mm 及垂直度和平行度要求。如图 2-2-12 所示。

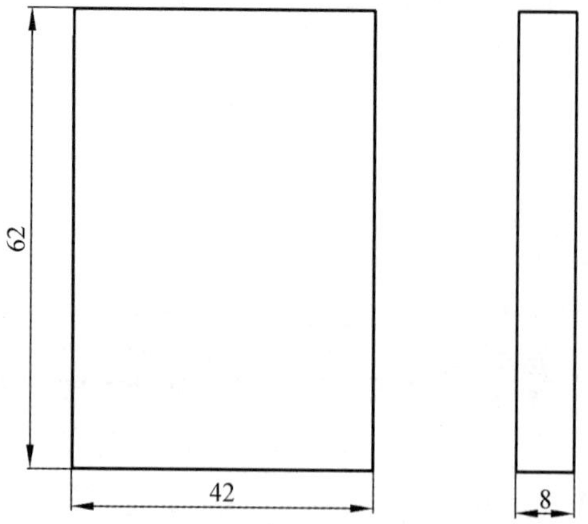

图 2-2-12　备料

2. 工、量、刃具准备（见表 2-2-4）

表 2-2-4 凹凸镶配制作工、量、刃具由鉴定所准备

名称	规格	精度（读数值、分度值）	数量	名称	规格	精度（读数值、分度值）	数量
高度游标卡尺	0 ~ 300 mm	0.02 mm	1	检验棒	ϕ10×20 mm	h6	2
游标卡尺	0 ~ 150 mm	0.02 mm	1	扁锉	250 mm（1 号纹）		1
万能角度尺	0° ~ 320°	2′	1		200 mm（2 号纹）		1
千分尺	0 ~ 25 mm	0.01 mm	1		200 mm（3 号纹）		1
	25 ~ 50 mm	0.01 mm	1		150 mm（4 号纹）		1
	50 ~ 75 mm	0.01 mm		錾子			1
塞尺	0.02 ~ 1 mm		1	三角锉	150 mm（2 号纹）		1
塞规	ϕ10 mm	H7	1	锯弓			1
90°角尺	100 mm×63 mm	一级	1	锯条			自备
刀口尺	100 mm		1	锤子			1
V 形块	中心高度 10 mm 角度 90°		1	深度千分尺	0 ~ 25 mm	0.01 mm	1
什锦锉刀一套	5×180 mm 10 支装		1	样冲			1
直柄麻花钻	ϕ3 mm		1	铰杠			1
	ϕ5 mm		1	划针			1
	ϕ9.8 mm		1	钢板尺	0 ~ 150 mm		1
	ϕ12 mm		1	软钳口			1
手用圆柱铰刀	ϕ10 mm	H7	1	锉刀刷			1

二、操作步骤（见表 2-2-5）

表 2-2-5 凹凸配件加工操作步骤

步骤	图示	操作内容及注意事项
1. 检查毛坯		1）毛坯清理 2）核查毛坯尺寸

续表

步骤	图示	操作内容及注意事项
2. 加工基准		分别加工件 1、件 2 相互垂直的两个基准面
3. 划线	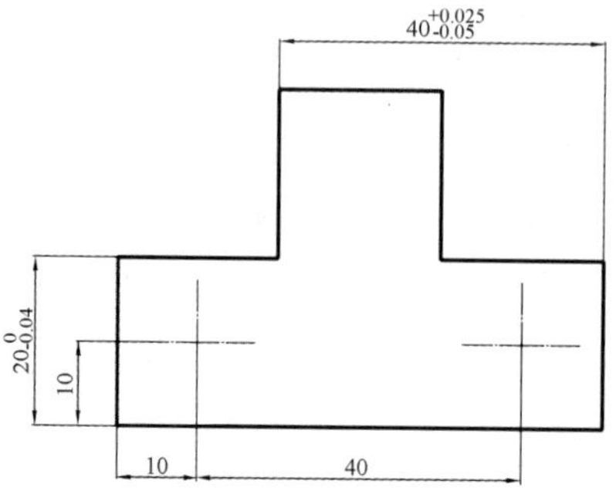	按图示划线： 1）涂蓝油； 2）按图尺寸进行划线； 3）检验划线的准确性
4. 打工艺孔	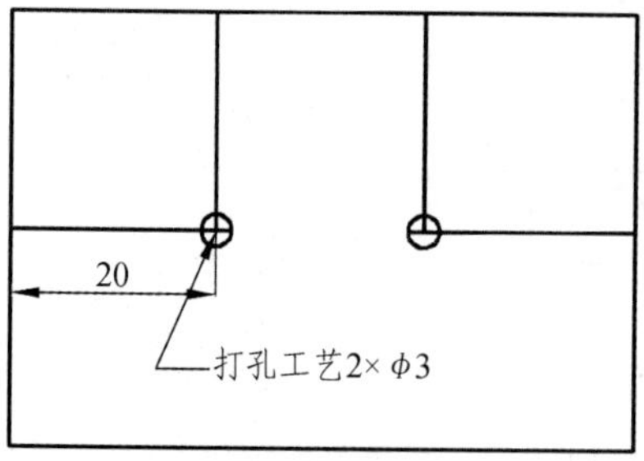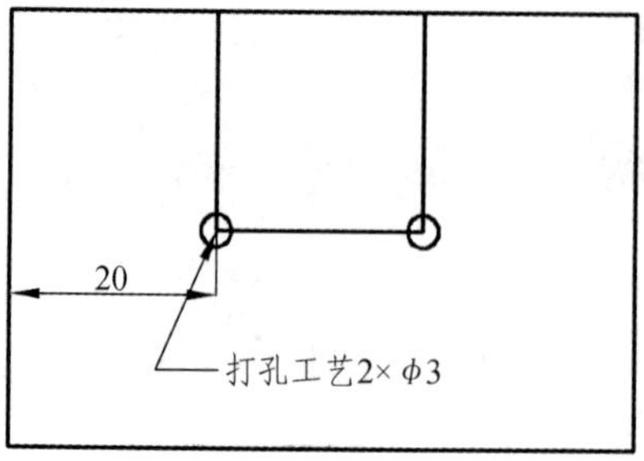	按图示打工艺孔： 1）用样冲敲出孔的中心位置； 2）用ϕ3 mm 钻头钻凹凸件工艺孔

续表

步骤	图示	操作内容及注意事项
5. 加工凸件	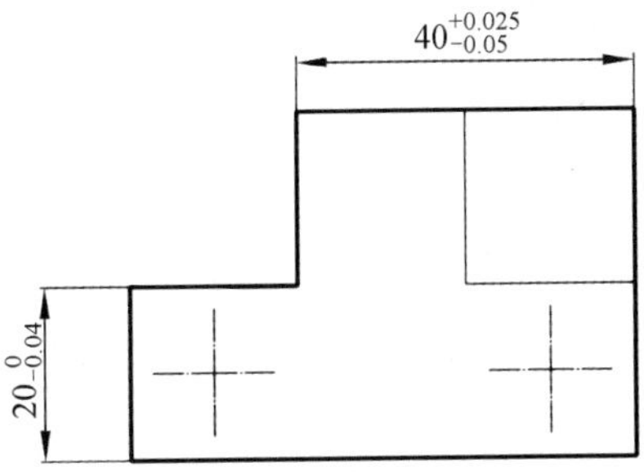 （a） 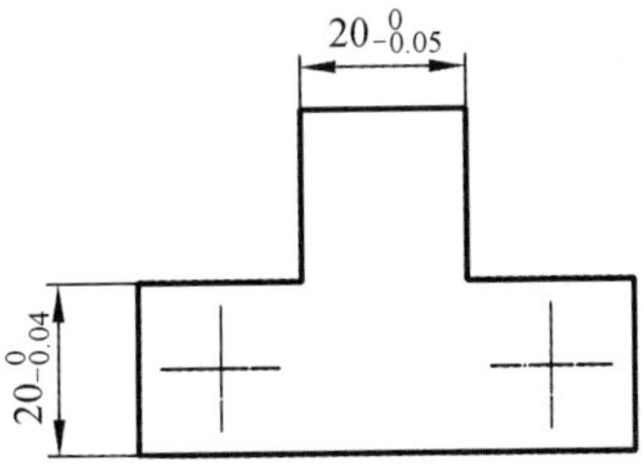 （b）	按图示锯削、锉削加工件 1: 1）先加工外形尺寸（60 ± 0.02）mm 和（40 ± 0.02）mm，达到尺寸外形精度要求； 2）先去掉一个垂直的余料，锉削加工按图纸（a）所示控制尺寸； 3）锯除另一垂直的余料，锉削加工时按（b）所示控制相关尺寸，以保证对称度要求
6. 加工 2× ϕ10H7 孔	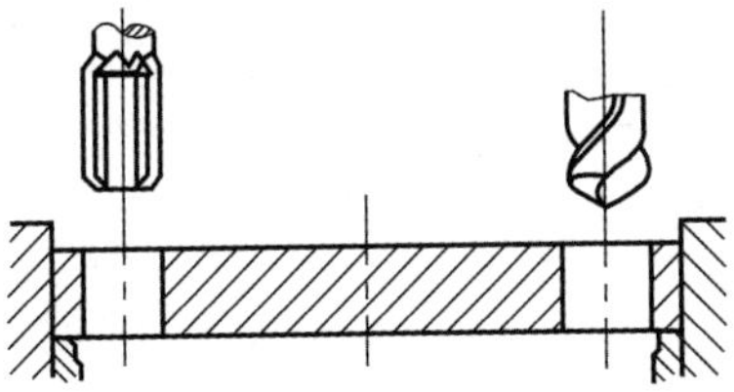	钻、铰加工 2× ϕ10H7 孔: 1）按划线位置用 ϕ6 mm 钻头钻第一个底孔； 2）用 ϕ9.8 mm 钻头扩孔，注意修正孔位，应符合孔距（15 + 0.10）mm 要求； 3）用 ϕ10H7 铰刀铰孔； 4）用上述方法加工第二个孔，应满足孔距（10 ± 0.10）mm 和（30 ± 0.10）mm 的精度要求
7. 配做件 2	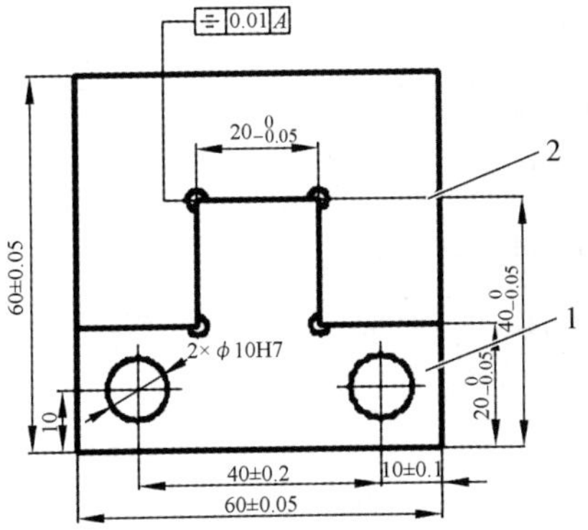	以件 1 为基准配作件 2: 1）用钻头钻出排孔，锯除凹形面多余材料，再粗锉至接近划线线条； 2）细锉凹形两侧面，用凸件插入进行试配，修锉后应符合配合间隙要求； 3）细锉凹形顶端面，在达到外形组合尺寸（60 ± 0.05）mm 精度要求的同时应符合配合间隔要求
8. 检查验收		按图样技术要求进行检验

评价反馈

操作完毕，按表 2-2-6、表 2-2-7 进行评分。

表 2-2-6　评分表

序号	鉴定项目及要求				配分 IT	检测结果	得分	备注
1	工件质量（90 分）	锉削	件 1	（60±0.05）mm	5			
				（40±0.05）mm	5			
				$20^{\ 0}_{-0.05}$ mm（2 处）	10			
				$20^{\ 0}_{-0.05}$ mm	5			
				⌯ 0.04 A	5			
			件 2	（60±0.05）mm 两处	6			
				表面粗糙度 *Ra*1.6 μm	3			
		孔加工		2×ϕ10H7	5			
				（20±0.10）mm（2 处）	6			
				⌯ 0.15 A	4			
				（40±0.10）mm	5			
				表面粗糙度 *Ra*1.6 μm	2			
		配合		配合（件 1 翻转 180° 配合）间隙 0.06 mm	24			
				外形错位 0.05 mm	5			
2	安全操作规范（10 分）			遵守安全操作规程，正确使用工量具、夹具，操作现场整洁。一项不符合总分扣 2～5 分	5			
				安全使用设备，无人身、设备事故。如发生事故成绩 0 分	5			
合计					100			

表 2-2-7　组评表

评价指标	评价情况
与其他同学口头交流学习内容是否顺畅	是：　　　　否：
是否能接受小组成员的意见	是：　　　　否：
是否服从教师的教学安排	是：　　　　否：
着装是否符合标准	是：　　　　否：
能否正确地领会他人提出的学习问题	是：　　　　否：
能否按照安全和规范的规程操作	是：　　　　否：
能否辨别工作环境中哪些是危险的因素	是：　　　　否：
能否合理规范地使用工具和仪器	是：　　　　否：
能否保持学习工作环境的干净整洁	是：　　　　否：
能否遵守学习场所的规章制度	是：　　　　否：
是否有工作岗位的责任心	是：　　　　否：
是否全勤	是：　　　　否：
是否能正确对待自己的错误	是：　　　　否：
是否能保持团队合作	是：　　　　否：

任务 3　单角燕尾镶配的制作

学习目标

（1）了解螺纹加工的相关知识。

（2）掌握螺纹的方法和操作技能。

（3）掌握燕尾形尺寸的对称度控制。

（4）能够按照 7S 管理使用实训场地、机床。

建议学时： 28 学时。

任务描述

按照图 2-3-1 所示工件图样的要求，进行单角燕尾的制作。

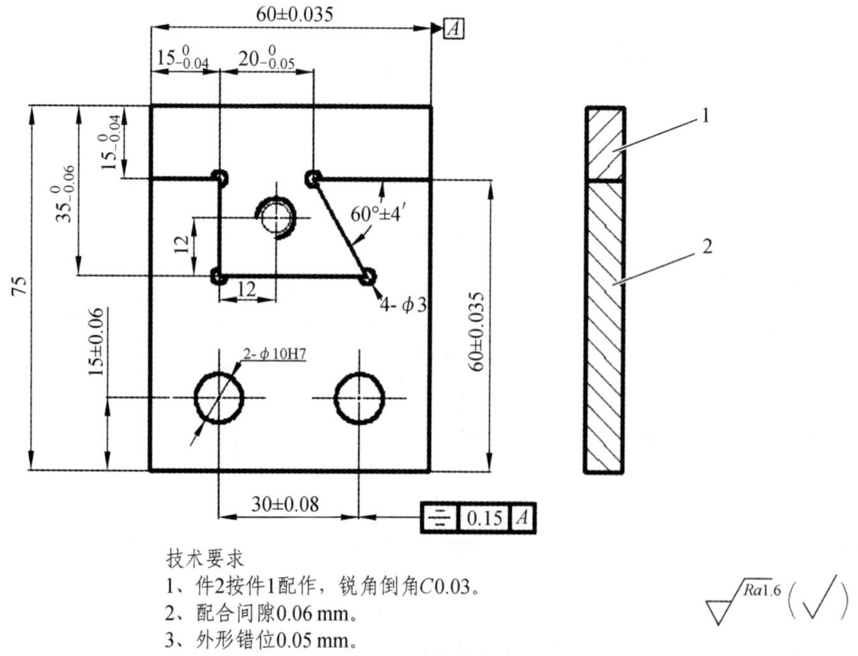

图 2-3-1　单角燕尾工件图

任务分析

本任务是一个简单的开式锉配组合的制作，应熟练运用划线、据削、钻孔等操作技能，还要掌握攻螺纹的方法和操作技能以及角度锉配操作技能。

单角燕尾（见图 2-3-1）加工工艺并不复杂，单角燕尾斜面距右端面的位置无法直接用通用量具测量，需要掌握一种间接测量的方法。

相关知识

一、攻螺纹

用丝锥在工件孔中切削出内螺纹的加工方法称为攻螺纹，如图 2-3-2 所示。按其操作方法分为手工攻螺纹（简称手攻）和机械攻螺纹（简称机攻）两种。

图 2-3-2　攻螺纹

1. 丝锥的种类

丝锥的种类很多，机修钳工常用丝锥的结构、特点及应用见表 2-3-1。

表 2-3-1　常用的丝锥的种类、结构和特点及应用

丝锥种类			图示	特点及应用
普通螺纹丝锥	手用	等径丝锥	 初锥 中锥 底锥	手用丝锥的螺纹部分通常用 9SiCr、T12A 或同等性能的其他牌号合金工具钢、碳素工具钢制造。公称直径 $d \leqslant 3$ mm 的硬度达 664HV；公称直径 3 mm$<d \leqslant$ 6 mm 的硬度达 60HRC；公称直径 $d>6$ mm 的硬度达 61HRC。主要用于一般螺纹连接的螺纹加工，应用最为广泛。
		不等径丝锥	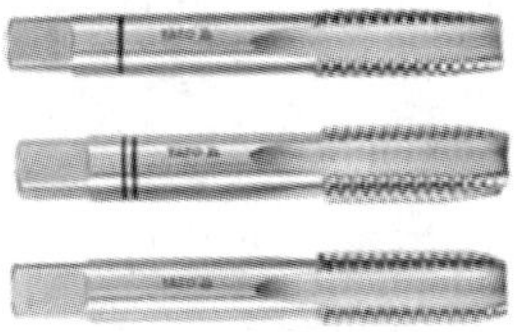 头锥 二锥 精锥	在头锥上标记 1 条圆环，二锥上标记 2 条圆环或顺序号 Ⅰ、Ⅱ。使用时必须按头锥、二锥、精锥规序进行，主要用于直径较小或直径较大以及螺纹精度要求较高的场合

续表

丝锥种类			图示	特点及应用
普通螺纹丝锥	机用	直槽		普通机用丝锥的螺纹部分用 W6Mo5Cr4V2 或同等性能的其他牌号高速钢制造，硬度达 62～63HRC；高性能机用丝锥的螺纹部分用 W2Mo9Cr4VCo8 或同等性能的其他牌号高性能高速钢制造，硬度达 65HRC。机用丝锥一般为单支，其切削部分较短，夹持部分与工作部分的同轴度较好，多用于细牙丝锥
		螺旋槽		
管螺纹丝锥			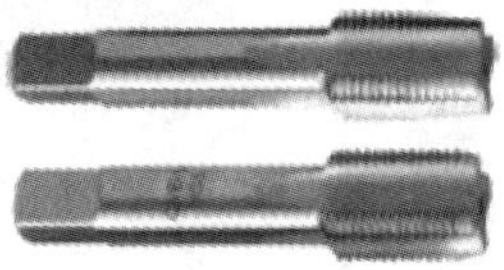	用于管螺纹加工
圆锥管螺纹丝锥			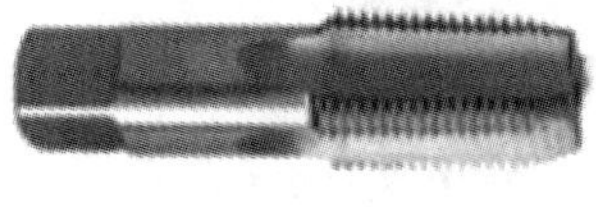	主要用于有密封要求的圆锥管螺纹加工

2. 丝锥的结构

丝锥由柄部和工作部分组成，如图 2-3-3 所示。柄部起夹持和传递扭矩作用。在工作部分上沿轴向开有几条容屑槽，以形成锋利的切削刃，前段为切削锥，起切削和引导作用；后段为校准部分，可修整螺纹牙形。为了减小牙侧的摩擦，在校准部分的直径上略有倒锥。

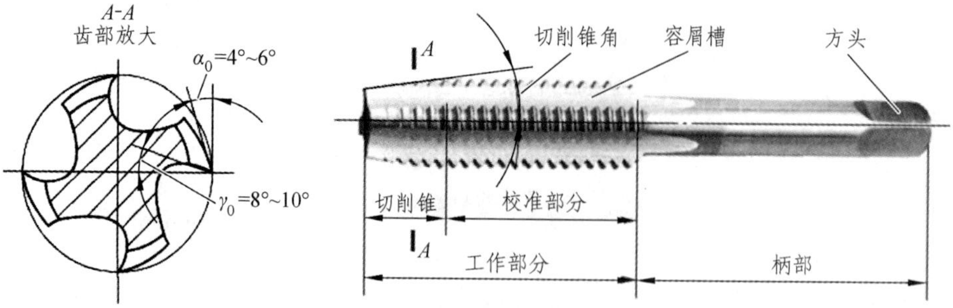

图 2-3-3　手用丝锥的结构

3. 铰　杠

铰杠是手工攻螺纹时用来夹持丝锥的工具。常用铰杠有普通活络铰杠和丁字形活络铰杠两种，其结构如图 2-3-4 所示。普通铰杠的规格用其长度表示，其适用范围见表 2-3-2。

（a）普通活络铰杠　　（b）丁字形活络铰杠

图 2-3-4　铰杠种类

表 2-3-2　常用活络铰杠的规格及适用范围

铰杠规格/mm	150	220	280	380	480
夹持丝锥范围	M5 ~ M8	M8 ~ M12	M12 ~ M14	M14 ~ M16	M16 ~ M22

4. 攻螺纹前底孔直径的确定

攻螺纹时，丝锥在切削金属的同时，还伴随较强的挤压作用。因此，金属产生塑性变形形成凸起并挤向牙尖，使攻出螺纹的小径小于底孔直径，如图 2-3-5 所示。因此，攻螺纹前的底孔直径应稍大于螺纹小径。否则，攻螺纹时因挤压作用，螺纹牙顶与丝锥牙底之间没有足够的容屑空间，切屑容易将丝锥箍住，甚至折断丝锥。此种现象在攻塑性较大的材料时将更为严重。但是底孔不宜过大，底孔过大会使螺纹牙型高度不够，降低强度。

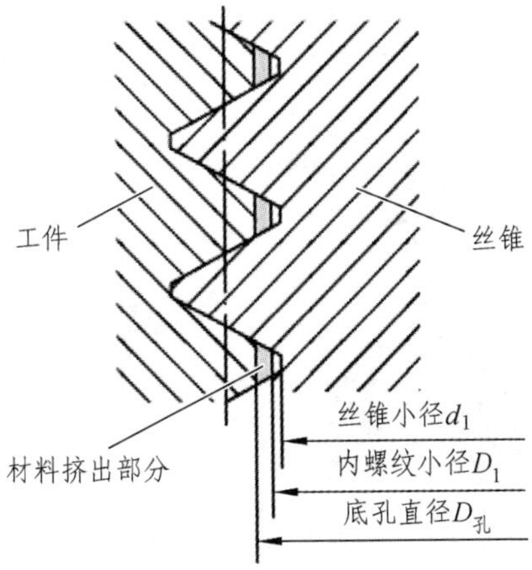

图 2-3-5　材料产生塑性变形示意图

（1）攻制钢件或塑性较大材料时，底孔直径的计算公式为

$$D_{钻} = D - P$$

式中　$D_{钻}$——钻螺纹底孔直径，mm；

D——螺纹大径，mm；

P——螺距，mm。

（2）在加工铸铁和塑性较小的材料及扩张量中等的条件下，底孔直径为

$$D_{钻}=D-(1.05\sim1.1)P$$

（3）攻螺纹时底孔深度的确定。攻不通螺孔螺纹时，由于丝锥切削部分有锥角，端部不能切出完整的牙形，所以钻孔深度要大于螺纹的有效深度，如图 2-3-6 所示。

$$H_{钻}=h_{有效}+0.7P$$

式中 $H_{钻}$——底孔深度，mm；

$h_{有效}$——螺纹有效深度，mm；

D——螺纹大径，mm。

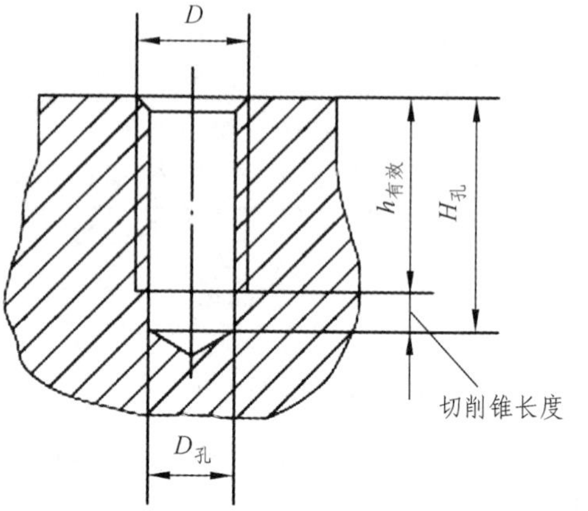

图 2-3-6 钻孔深度示意图

5. 攻螺纹操作要点

（1）正确控制底孔直径及深度，并在孔口倒角，倒角直径可略大于螺纹公称直径，以方便丝锥顺利切入，并可防止孔口挤出毛刺。通孔螺纹两端均倒角。

（2）工件夹持要正确，尽量使底孔中心线或孔口表面置于铅垂或水平位置，以便容易判断丝锥是否歪斜。

（3）起攻时，要尽量把丝锥放正，然后对丝锥施加压力并转动绞杠。如图 2-3-7 所示。

图 2-3-7 起攻方法、垂直度检查方法

（4）丝锥切入 3～4 圈螺纹时，只需两手均匀用力转动绞杠，不应再对丝锥施加压力，否则螺纹牙型将被损坏。

（5）攻不通孔螺纹时，要经常退出丝锥，清除孔内切屑。

（6）攻塑性材料的螺纹时，要加注切削液，一般用机油或浓度较大的乳化液；对于精度要求较高的螺纹可用菜油或二硫化钼等；在不锈钢材料攻螺纹时，可用 32 号 L-AN 全损耗系统用油或硫化油。

（7）攻螺纹过程中换用后一支丝锥时，要先用手旋入已攻出的螺纹中，以防产生乱牙。

（8）机攻时，丝锥与底孔要保持同轴。

（9）机攻时，丝锥的校准部分不能全部伸出工件，否则在反转退出丝锥时会产生乱牙。

二、套螺纹

用圆板牙在外圆柱面（或外圆锥面）上切削出外螺纹的加工方法称为套螺纹，如图 2-3-8 所示。

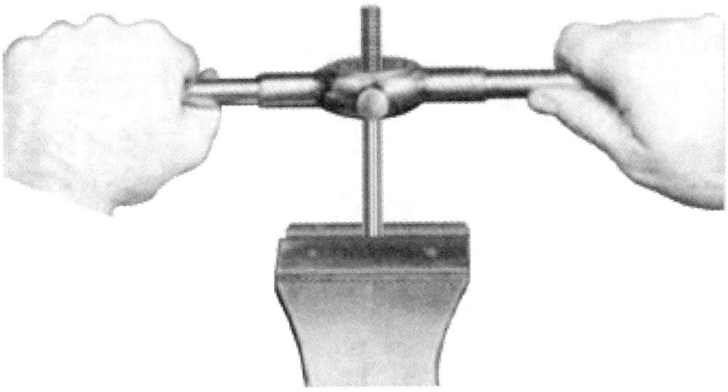

图 2-3-8　套螺纹

1. 套螺纹的工具

（1）圆板牙。圆板牙是加工外螺纹的刀具，用 9SiCr 或同等性能的其他牌号合金工具钢制造，其螺纹部分的硬度不低于 60HRC；也可用 W6Mo5Cr4V2 或同等性能的其他牌号高速钢制造，公称直径 $d \leqslant 3$ mm 时，硬度不低于 61HRC，公称直径 $d>3$ mm 时，硬度不低于 62HRC。圆板牙由切削锥、校准部分和容屑孔组成，其结构如图 2-3-9 所示。在两端面处成锥形的螺纹部分为切削锥，起切削和引导作用；中间一段为具有完整牙形的校准部分。因此，正、反向均可使用。常用的圆板牙有整体圆板牙和可调圆板牙。其中，可调圆板牙又分为径向可调圆板牙和切向可调圆板牙两种。在整体圆板牙的圆周上开一 V 形槽，其作用是当圆板牙磨损而螺纹直径变大后，可沿该 V 形槽磨开，借助于圆板牙架上的两调整螺钉进行螺纹直径的微量调节，以延长圆板牙的使用寿命。

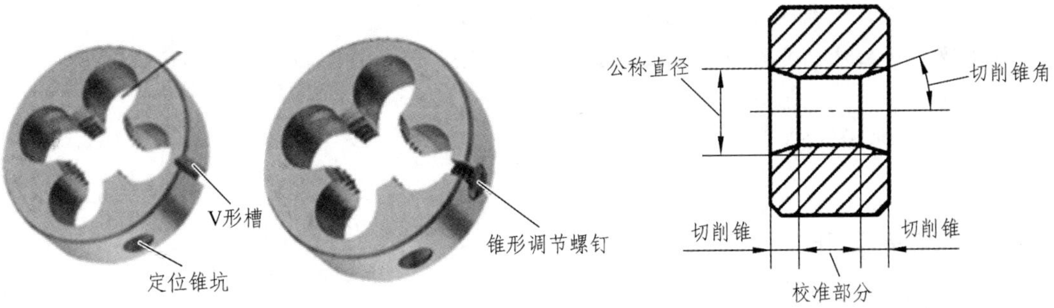

（a）整体圆板牙　（b）径向可调圆板牙　（c）工作部分结构

图 2-3-9　圆板牙

（2）圆板牙架。

圆板牙架是装夹圆板牙的工具，其结构如图 2-3-10 所示。圆板牙放入后，用螺钉定位紧固。

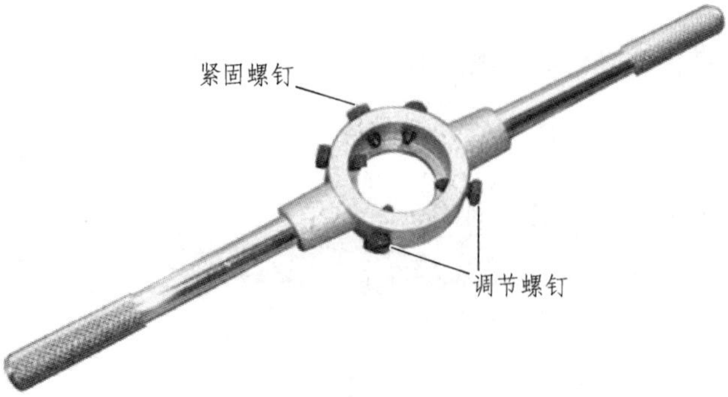

图 2-3-10　圆板牙架

2. 套螺纹前圆杆直径的确定

套螺纹时，由于圆板牙切削锥对材料不但有切削作用，还有挤压作用，其牙顶将被挤高，所以圆杆直径应小于螺纹公称尺寸。一般可按下列经验公式来确定：

$$d_{杆} = d - 0.13P$$

式中　$d_{杆}$——套螺纹前圆杆直径，mm；

d——螺纹公称直径，mm；

P——螺距，mm。

3. 套螺纹的操作要点

（1）套螺纹前应将圆杆切入端倒角 15° ~ 20°，以便圆板牙容易切入，圆锥的最小直径应稍小于螺纹小径。对于重要螺纹的切入端通常倒成 45°的斜角。

（2）套螺纹时应保持圆板牙的端面与圆杆轴线垂直。

（3）开始套螺纹时，要适当施加轴向压力，当切入 1 ~ 2 牙后再次检验垂直度，然后不再施加向下的压力，两只手用力均匀地转动圆板牙架即可。

在套螺纹过程中，要经常反转 1/4 圈，使切屑断碎以便及时排出，并加注合适的切削液。

任务实施

一、准备工作

1. 单燕尾毛坯

单燕尾毛坯，其加工步骤如下：

按图样 2-3-1 要求加工两件外廓基准面，达到尺寸 37 mm × 62 mm、62 mm × 62 mm 及垂直度和平行度要求。如图 2-3-11 所示。

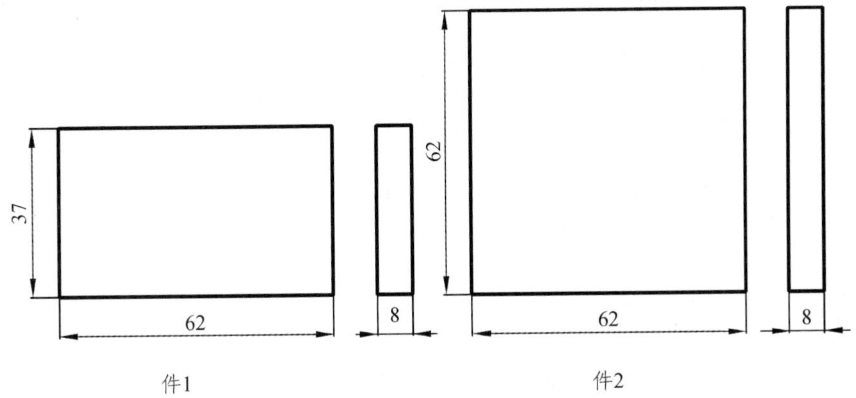

图 2-3-11　单角燕尾毛坯图

2. 工、量、刃具准备（见表 2-3-3）

表 2-3-3　单角燕尾镶配制作工、量、刃具由鉴定所准备

名　称	规　格	精度（读数值、分度值）	数量	名称	规　格	精度（读数值、分度值）	数量
高度游标卡尺	0 ~ 300 mm	0.02 mm	1	检验棒	ϕ10 × 20 mm	h6	2
游标卡尺	0 ~ 150 mm	0.02 mm	1	扁锉	250 mm（1 号纹）		1
万能角度尺	0° ~ 320°	2′	1		200 mm（2 号纹）		1
千分尺	0 ~ 25 mm	0.01 mm	1		200 mm（3 号纹）		1
	25 ~ 50 mm	0.01 mm	1		150 mm（4 号纹）		1
	50 ~ 75 mm	0.01 mm		錾子			1
塞尺	0.02 ~ 1 mm		1	三角锉	150 mm（2 号纹）		1
塞规	ϕ10 mm	H7	1	锯弓			1
90°角尺	100 mm × 63 mm	一级	1	锯条			自备
刀口尺	100 mm		1	锤子			1
V 形块	中心高度 10 mm 角度 90°		1	深度千分尺	0 ~ 25 mm	0.01 mm	1
什锦锉刀一套	5 × 180 mm 10 支装		1	样冲			1
直柄麻花钻	ϕ3 mm		1	铰杠			1
	ϕ5 mm		1	划针			1
	ϕ9.8 mm		1	钢板尺	0 ~ 150 mm		1
	ϕ12 mm		1	软钳口			1
手用圆柱铰刀	ϕ10 mm	H7	1	锉刀刷			1

二、操作步骤（见表 2-3-4）

表 2-3-4 单角燕尾配件加工操作步骤

步骤	图示	操作内容及注意事项
1. 检查毛坯	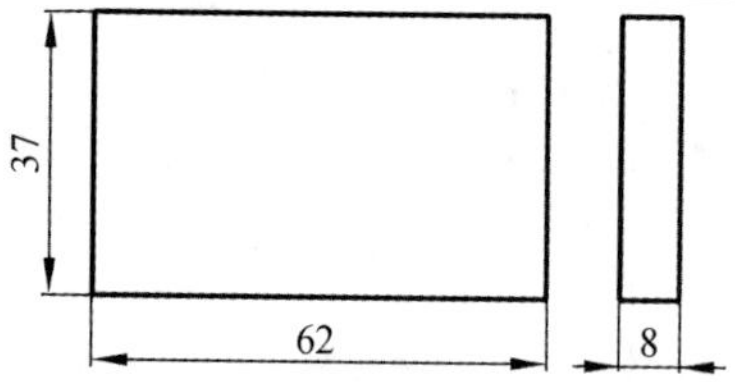 件 1 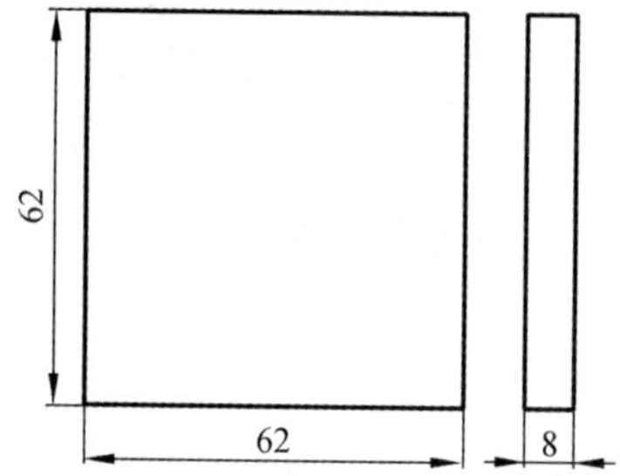 件 2	按图检查毛坯： 1）毛坯清理； 2）核查毛坯尺寸
2. 加工基准	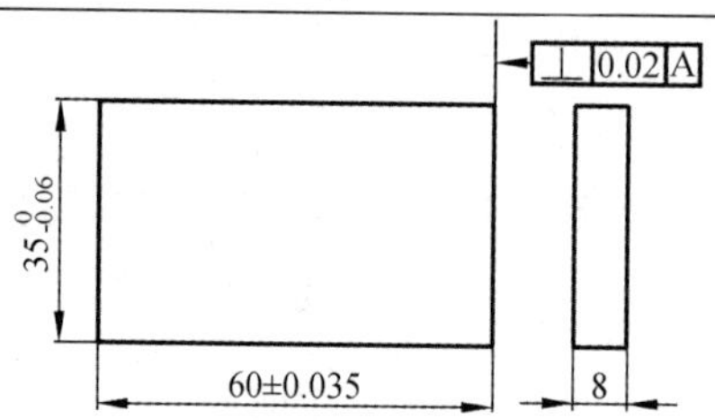 件1	按图示锉削加工基准面 *A* 和与其垂直的一个相邻面： 1）锉削加工基准面 *A*，用刀口形直角检验平面度； 2）锉削加工与基准面 *A* 垂直的一个相邻面，并保证其平面度及与基准面 *A* 的垂直度； 3）锉削加工外形尺寸，留一定加工余量
3. 划线	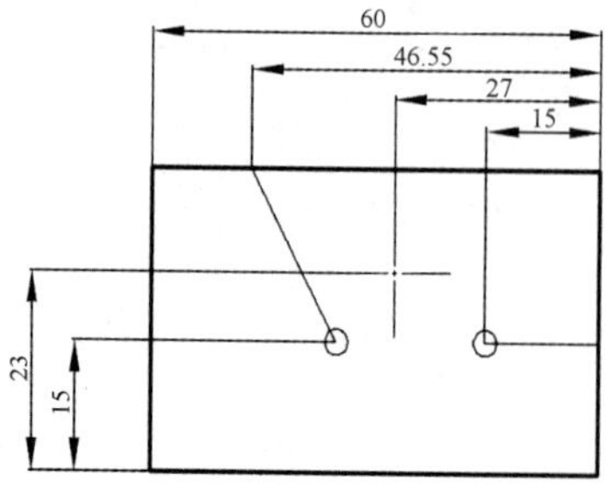 件 1 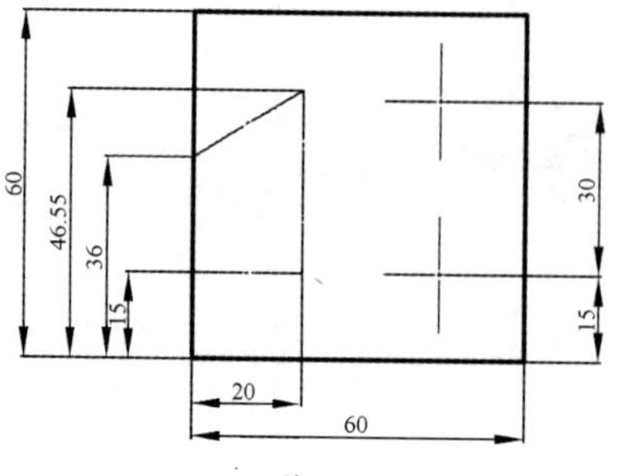 件 2	按图示划线： 1）涂蓝油； 2）按图尺寸进行划线； 3）检验划线的准确性

续表

步骤	图示	操作内容及注意事项
4. 打工艺孔	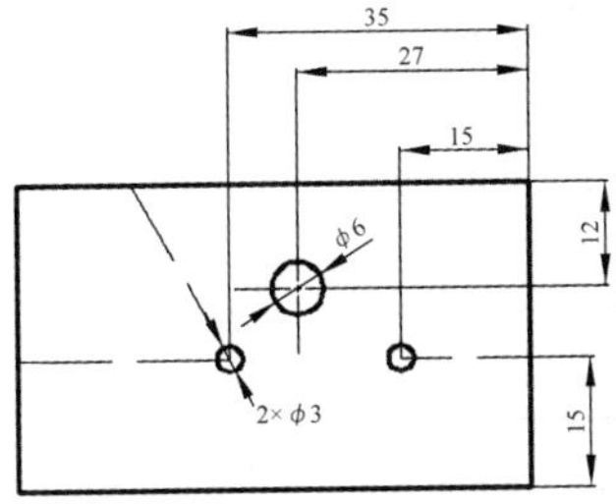 件 1 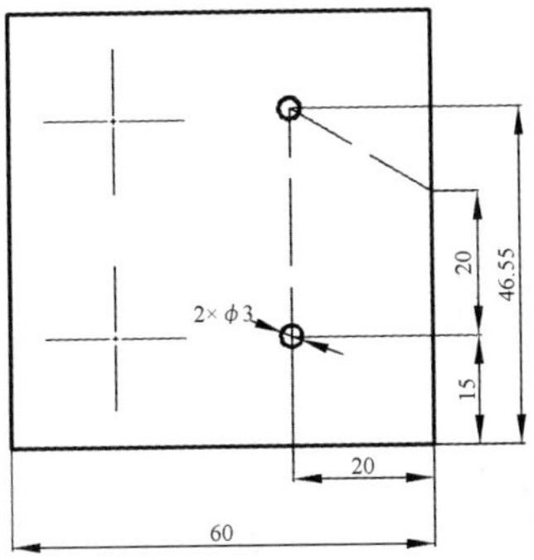 件 2	按图示打工艺孔： 1）用样冲敲出孔的中心位置； 2）用ϕ3 mm 钻头钻燕尾件工艺孔； 3）用ϕ6 mm 钻头螺纹孔位置
5. 加工凸件	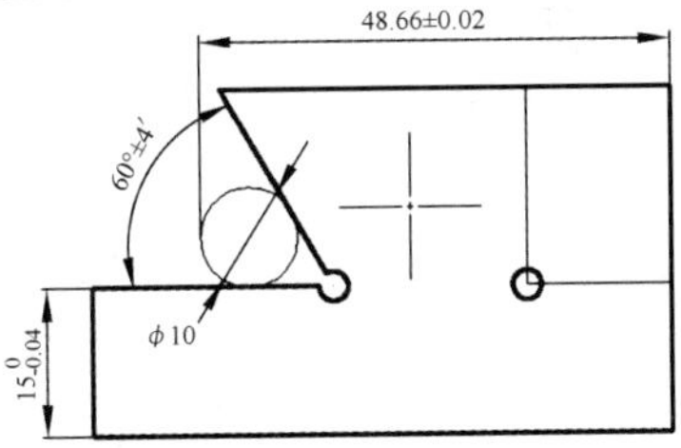 （a） 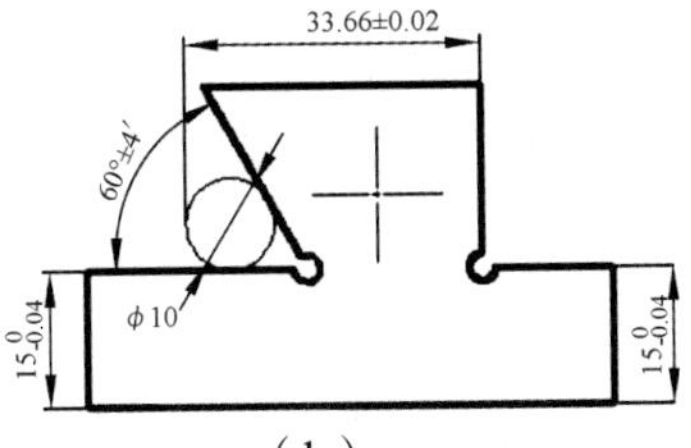 （b）	按图示锯削、锉削加工件 1： 1）先加工外形尺寸（60±0.02）mm 和（40±0.02）mm，达到尺寸外形精度要求； 2）先去掉一个斜角余料，锉削加工按图纸（a）所示控制尺寸； 3）锯除另一垂直的余料，锉削加工时按 b 所示控制相关尺寸，以保证对称度要求
6. 加工 2×ϕ10H7 孔	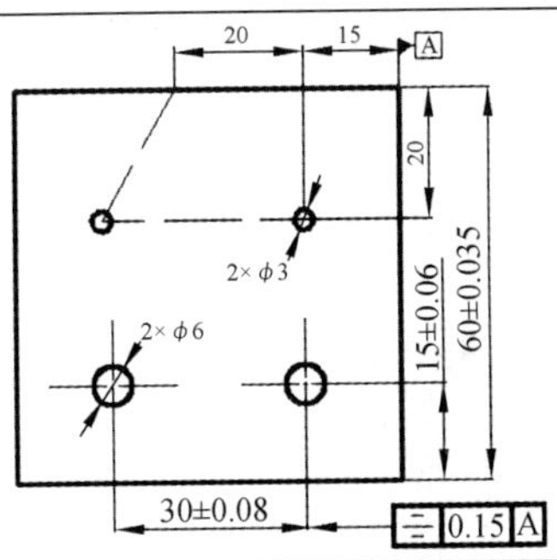	钻、铰加工 2×ϕ10H7 孔： 1）按划线位置用ϕ6 mm 钻头钻第一个底孔； 2）用ϕ9.8 mm 钻头扩孔，注意修正孔位，应符合孔距（15±0.10）mm 要求； 3）用ϕ10H7 铰刀铰孔； 4）用上述方法加工第二个孔，应满足孔距（15±0.10）mm 和（30±0.10）mm 的精度要求

续表

步骤	图示	操作内容及注意事项
7. 加工 M8 螺纹孔	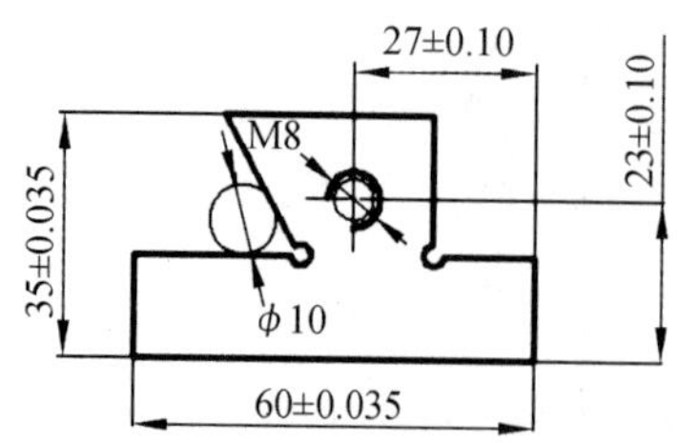	按图示加工螺纹孔： 1）按划线位置用 ϕ5 mm 钻头钻第一个底孔； 2）用 ϕ6.5 mm 钻头扩孔，注意修正孔位，应符合孔距（23 ± 0.10）mm、（27 ± 0.10）mm 要求； 3）用 M8 丝锥攻螺纹，注意垂直往下攻丝
8. 配做件 2	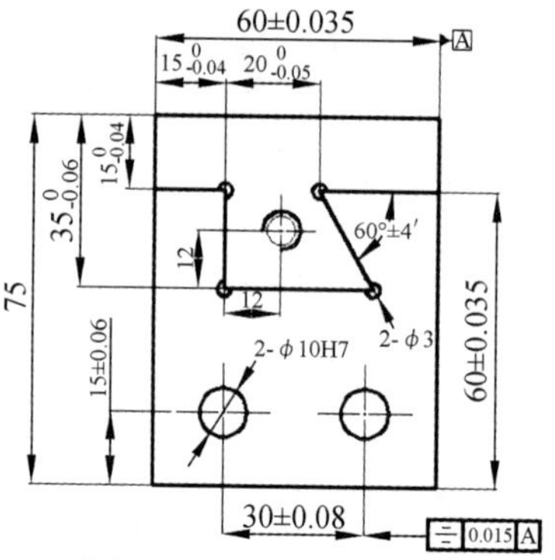 技术要求 1、件2按件1配作，锐角倒角C0.03。 2、配合间隙0.06mm。 3、外形错位0.05mm。	以件 1 为基准配作件 2： 1）用钻头钻出排孔，锯除斜角面多余材料，再粗锉至接近划线线条； 2）细锉凹形两侧面，用凸件插入进行试配，修锉后应符合配合间隙要求； 3）细锉凹形顶端面，在达到外形组合尺寸（60 ± 0.05）mm 精度要求的同时应符合配合间隔要求
9. 检查验收		按图样技术要求进行检验

评价反馈

操作完毕，按表 2-3-5、表 2-3-6 进行评分。

表 2-3-5　评分表

序号	鉴定项目及要求				配分	检测结果	得分	备注
1	工件质量（90 分）	锉削	件一	（60±0.035）mm	5			
				$35_{-0.06}^{0}$ mm	5			
				$15_{-0.04}^{0}$ mm（2 处）	8			
				$20_{-0.05}^{0}$ mm	5			
				60°±4′	6			
				$15_{-0.04}^{0}$ mm	5			
			件二	（60±0.035） mm（2 处）	6			
				表面粗糙度 *Ra*1.6 μm	3			
		孔加工		2×ϕ10H7	5			
				（15±0.06）mm（2 处）	6			
				⌯ 0.15 *A*	4			
				（30±0.08）mm	5			
				表面粗糙度 *Ra*1.6 μm	2			
		攻螺纹		M8	2			
				（23±0.10）mm	4			
				（27±0.10）mm	4			
		配合		配合间隙 0.06 mm	20			
				外形错位 0.05 mm	5			
2	安全操作规范（10 分）			遵守安全操作规程，正确使用工量具、夹具，操作现场整洁。一项不符合总分扣 2～5 分				
				安全使用设备，无人身、设备事故。如发生事故成绩 0 分				
合计					100			

表 2-3-6　组评表

评价指标	评价情况	
与其他同学口头交流学习内容是否顺畅	是：	否：
是否能接受小组成员的意见	是：	否：
是否服从教师的教学安排	是：	否：
着装是否符合标准	是：	否：
能否正确地领会他人提出的学习问题	是：	否：
能否按照安全和规范的规程操作	是：	否：
能否辨别工作环境中哪些是危险的因素	是：	否：
能否合理规范地使用工具和仪器	是：	否：
能否保持学习工作环境的干净整洁	是：	否：
能否遵守学习场所的规章制度	是：	否：
是否有工作岗位的责任心	是：	否：
是否全勤	是：	否：
是否能正确对待自己的错误	是：	否：
是否能保持团队合作	是：	否：

任务 4　半圆弧角度锉配件的制作

学习目标

（1）能够熟练运用锉削、锯削、钻孔、铰孔和角度锉削等操作技能。

（2）合理制订加工工艺。

（3）掌握圆弧锉配的操作。

（4）掌握对称度的控制。

建议学时： 28 学时。

任务描述

按照图 2-4-1 所示工件图样的要求，完成制作。

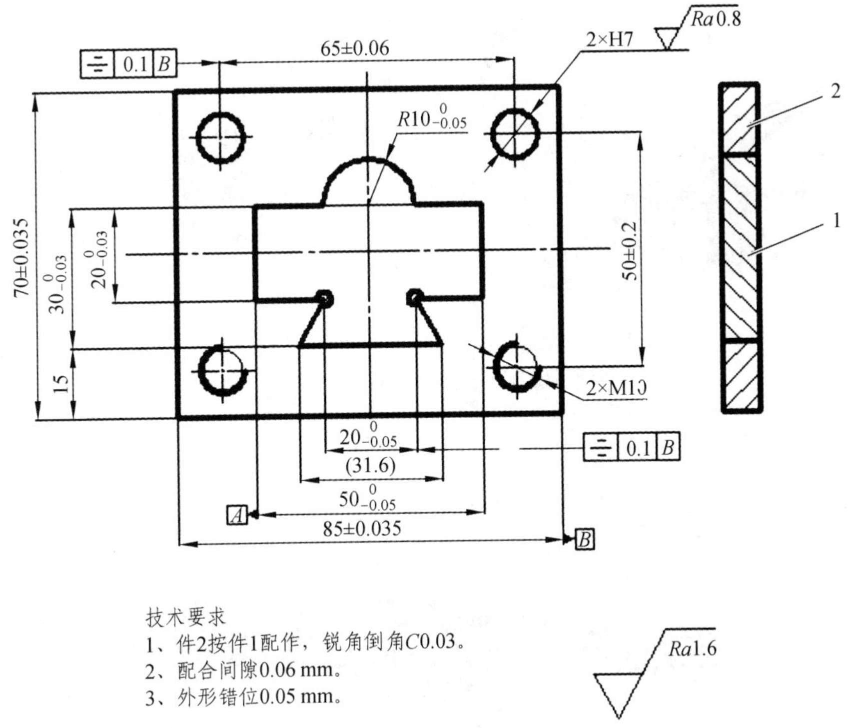

图 2-4-1　半圆弧角度锉配工件图

任务分析

半圆弧锉配（见图 2-4-1），锉配是比较复杂的凹凸圆弧锉配，属于高级钳工应掌握的技能操作。此任务操作难点在于圆弧轮廓度的保证、圆弧配合质量及翻转配合质量。另外在加工操作中注意去除余料要一步一步地进行，要保证上下、左右的对称度，加工步骤不能随意，要确保加工时尺寸测量的基准不能破坏。

相关知识

一、圆弧面锉削的相关知识

1. 锉削外圆弧面的方法

锉削外圆弧面时都用平锉，锉削时锉刀要同时完成两个运动：锉刀的前进运动和绕工作圆弧中心的转动。方法一：顺着圆弧面锉[见图 4-2（a）]。锉削时，锉刀向前，右手下压，左手随着上提。这种方法能使圆弧面光洁圆滑，但锉削位置不易掌握且效率不高，故适用于锉圆弧面。方法二：对着圆弧面锉[见图 4-2（b）]。锉削时，锉刀做直线运动，并不断随面摆动。这种方法锉削效率高且便于按划线均匀性近弧线，但只能锉成近似圆弧面的多面，故适用于圆弧面的粗加工。

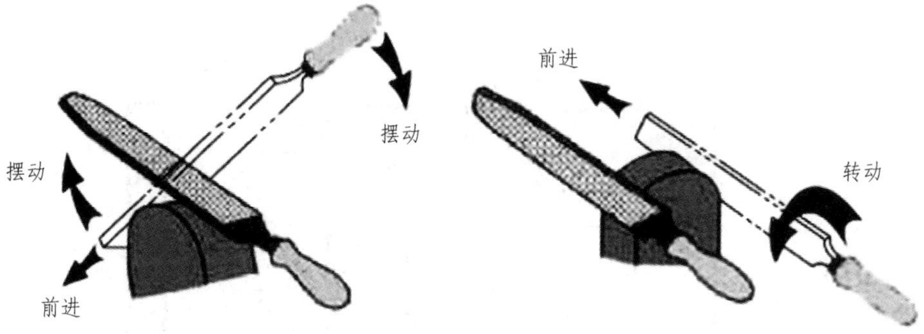

（a）顺着圆弧面锉　　（b）对着圆弧面锉

图 2-4-2　外圆弧面的锉削方法

2. 锉削内圆弧面的方法

锉削内圆弧面时，镗刀要同时完成 3 个运动（见图 2-4-3）：前进运动，随圆弧面向左或向右移动，绕锉刀中心线转动。

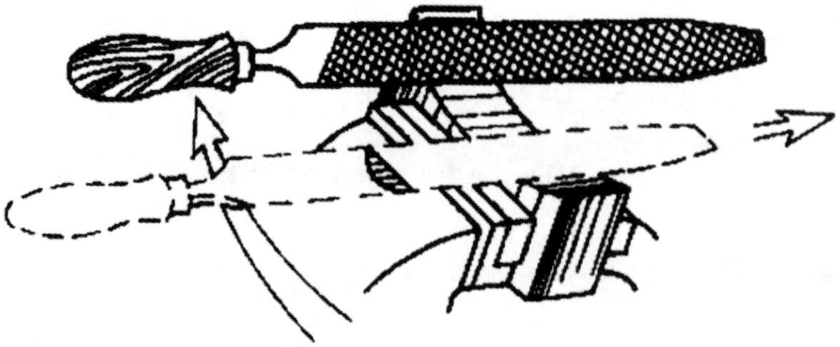

图 2-4-3　内圆弧面的锉削方法

3. 平面与曲面的连接方法

一般应先加工平面，然后加工曲面，这样便于使曲面和平面连接圆滑。

4. 曲面线轮廓度的检查方法

曲面线轮廓度精度可用曲面样板通过塞尺或透光法进行检查。

二、对称度测量的相关知识

1. 对称度的测量方法

测量被测表面与基准表面的尺寸 A 和 B，其差值 1/2 即为对称度测量方法等。如图所示 2-4-4 所示。

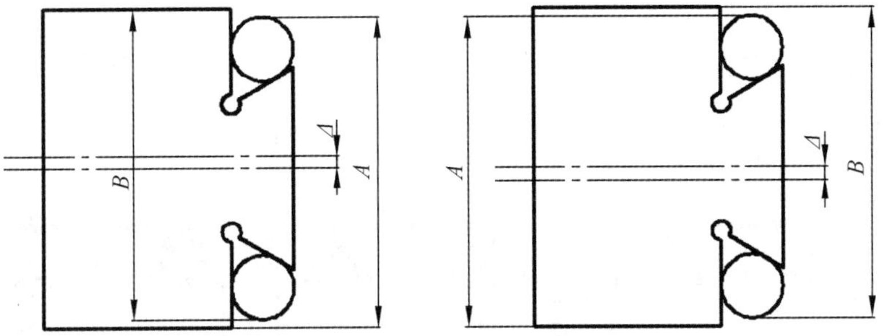

图 2-4-4　对称度测量

2. 对称度的划线

对于平面对称工件的划线，应在形成对称中心平面的两个基准面精加工后进行。划线基准与两基准面重合，划线尺寸则按两个对称基准平面间的实际尺寸及对要素的要求尺寸计算得出。

3. 对称度误差对翻转互换的影响

如图 2-4-5 所示，当凹凸件对称度误差为 0.05 mm 时，且在同方向位置配合达到间隙要求后，得到两侧面平齐，但翻转 180°后进行配合时，就会产生两基准面偏差误差，其值为 0.1 mm。

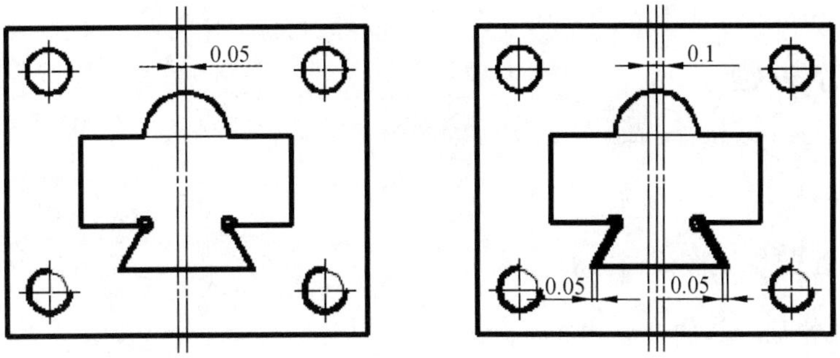

（a）同方向位置配合　　（b）翻转后配合

图 2-4-5　对称度测量

4. 保证凹凸燕尾镶配对称度精度的操作注意事项

（1）为了能对 20 mm 凸凹形工件的对称度进行测量，60 mm 的实际尺寸必须测量准确，并应取其各点实测值的平均数值。

（2）加工 20 mm 凸形面时，因受测量工具的限制，只能采用间接测量法得到所要求的尺寸公差。即只能先去掉一个垂直角余料，待加工至要求的尺寸公差后，才能去掉另一个垂直角余料。如果使用量块和百分表进行测量，则不受此限制。

（3）采用间接测量方法来控制工件的尺寸精度，必须控制好相关的工艺尺寸，本任务的尺寸控制如图 2-4-6 所示。图 2-4-6（a）所示为凸形面的最大与最小控制尺寸，图 2-4-6（b）所示为在最大控制尺寸下取得的尺寸 19.95 mm，这时对称度误差最大左偏值为 0.05 mm，图 2-4-6（c）所示为在最小控制尺寸下取得的尺寸 20 mm，这时对称度误差最大右偏值为 0.05 mm。

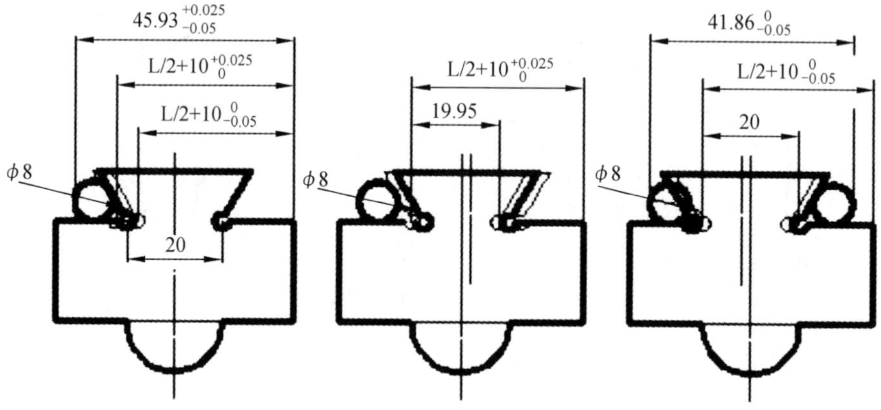

图 2-4-6　间接控制时的尺寸

（4）为达到配合后的翻转互换精度，必须控制凸凹形面的垂直度误差在最小的范围内。否则，由于凸凹形面的垂直度误差超差，互换配合后会出现较大的间隙。

（5）在加工垂直面时，要防止锉刀侧面碰坏另一垂直面，因此应将锉刀一侧在砂轮上进行修磨，并使其与锉刀面的夹角略小于 90°，刃磨后最好用磨石磨光。

任务实施

一、准备工作

1. 半圆弧锉配（见图 2-4-1）

半圆弧备件锉配，其加工步骤如下：

按图样 2-4-1 要求加工两件外廓基准面，达到尺寸 52 mm × 52 mm、72 mm × 87 mm 及垂直度和平行度要求。如图 2-4-7 所示。

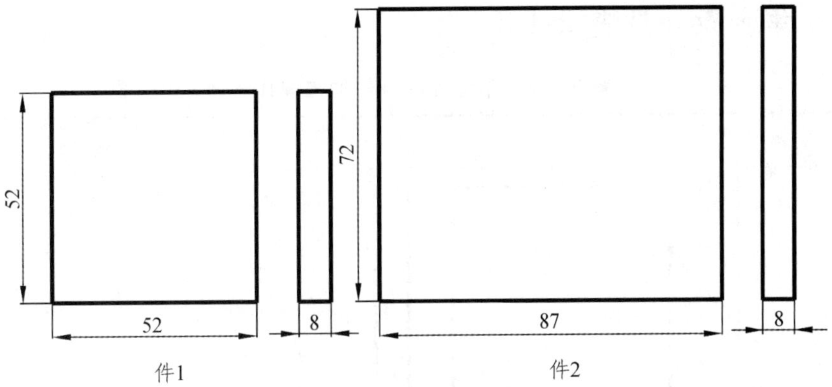

图 2-4-7　半圆弧备件

2. 工、量、刃具准备（见表 2-4-1）

表 2-4-1　半圆弧配合配制作工、量、刃具由鉴定所准备

名　称	规　格	精度（读数值、分度值）	数量	名称	规　格	精度（读数值、分度值）	数量
高度游标卡尺	0 ~ 300 mm	0.02 mm	1	检验棒	ϕ10×20 mm	h6	2
游标卡尺	0 ~ 150 mm	0.02 mm	1	扁锉	250 mm（1 号纹）		1
万能角度尺	0° ~ 320°	2′	1		200 mm（2 号纹）		1
千分尺	0 ~ 25 mm	0.01 mm	1		200 mm（3 号纹）		1
	25 ~ 50 mm	0.01 mm	1		150 mm（4 号纹）		1
	50 ~ 75 mm	0.01 mm		錾子			1
塞尺	0.02 ~ 1 mm		1	三角锉	150 mm（2 号纹）		1
塞规	ϕ10 mm	H7	1	锯弓			1
90°角尺	100 m×63 mm	一级	1	锯条			自备
刀口尺	100 mm		1	锤子			1
V 形块	中心高度 10 mm 角度 90°		1	深度千分尺	0 ~ 25 mm	0.01 mm	1
什锦锉刀一套	5×180 mm 10 支装		1	样冲			1
直柄麻花钻	ϕ3 mm		1	铰杠			1
	ϕ5 mm		1	划针			1
	ϕ9.8 mm		1	钢板尺	0 ~ 150 mm		1
	ϕ12 mm		1	软钳口			1
手用圆柱铰刀	ϕ10 mm	H7	1	锉刀刷			1

二、操作步骤（见表 2-4-2）

表 2-4-2　半圆弧配合件加工操作步骤

步骤	图示	操作内容及注意事项
1. 检查毛坯	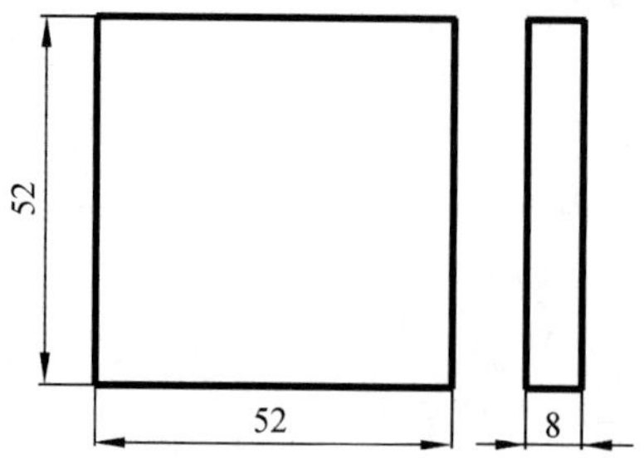 件 1 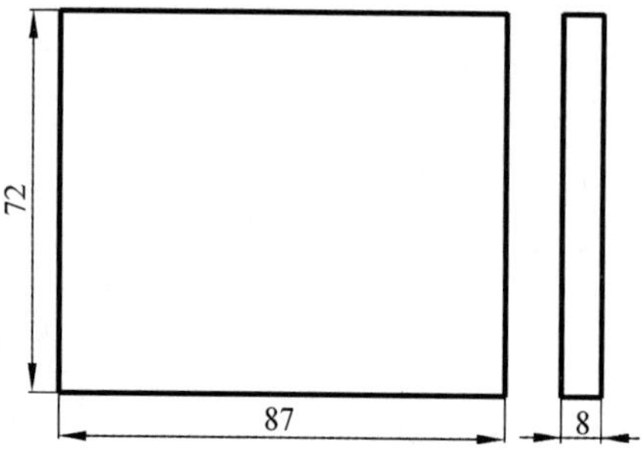 件 2	按图检查毛坯： 1）毛坯清理； 2）核查毛坯尺寸
2. 加工基准	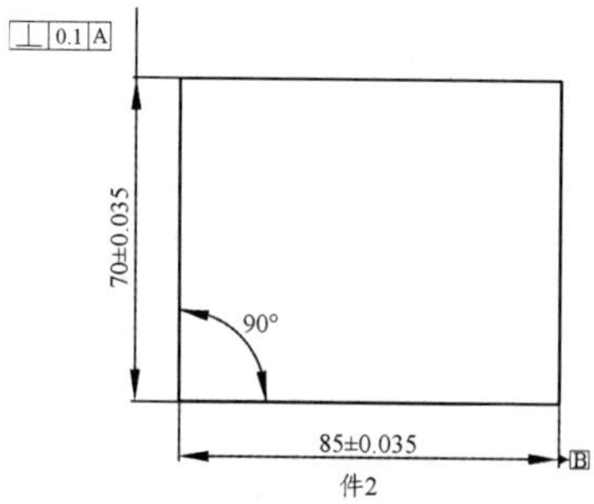 件2	按图示锉削加工基准面 *A* 和与其垂直的一个相邻面： 1）件 1、件 2 锉削加工基准面 *A*、基准 *B*，用刀口形直角检验平面度； 2）件 1、件 2 锉削加工与基准面 *A*、基准 B，垂直的一个相邻面，并保证其平面度及与基准面 *A* 的垂直度； 3）锉削加工外形尺寸，留一定加工余量
3. 件 1 件 2 划线	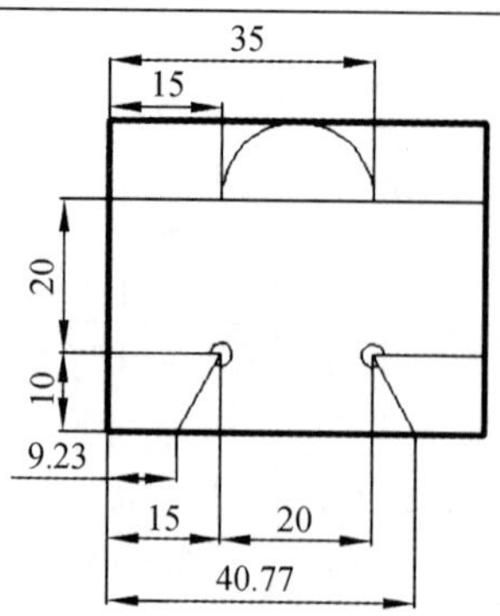 件 1	按图示划线： 1）涂蓝油； 2）按图尺寸进行划线； 3）检验划线的准确性

步骤	图示	操作内容及注意事项
3. 件 1 件 2 划线	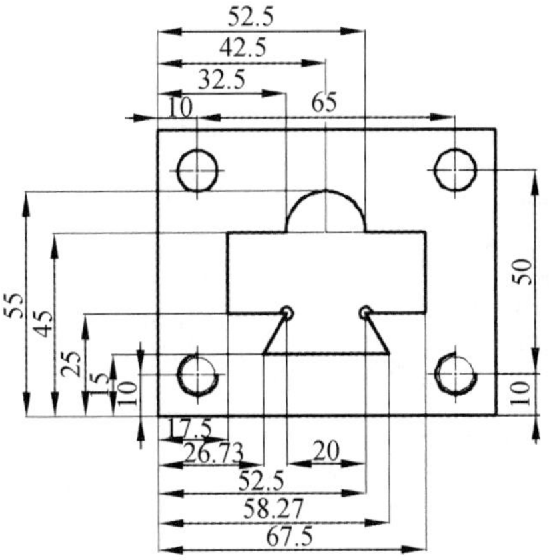 件 2	按图示划线： 1）涂蓝油； 2）按图尺寸进行划线； 3）检验划线的准确性
4. 制作件 1 打工艺	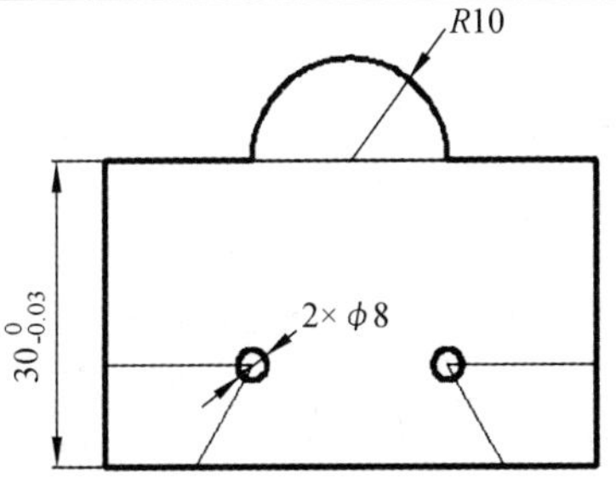 （a） 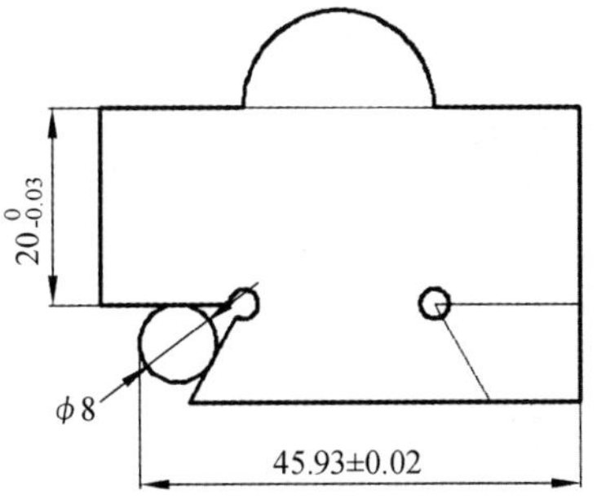 （b） 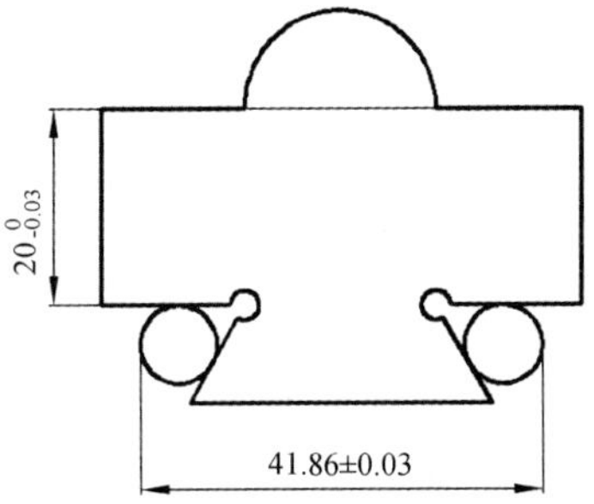 （c）	按图示打工艺孔： 1）用样冲敲出孔的中心位置； 2）用 $\phi 3$ mm 钻头钻半圆弧件工艺孔； 3）按图（a）去除多余材料，控制尺寸 $30^{0}_{-0.03}$ mm，做半圆弧 $\phi 20$ mm 的圆弧； 4）按图（b）去除多余材料，加放 $\phi 8$ mm 圆柱销控制尺寸（45.93 ± 0.02）mm； 5）按图（c）去除多余材料，加放 2 个 $\phi 8$ 圆柱销控制尺寸（41.86 ± 0.03）mm

续表

步骤	图示	操作内容及注意事项
5. 凹件外形及孔加工	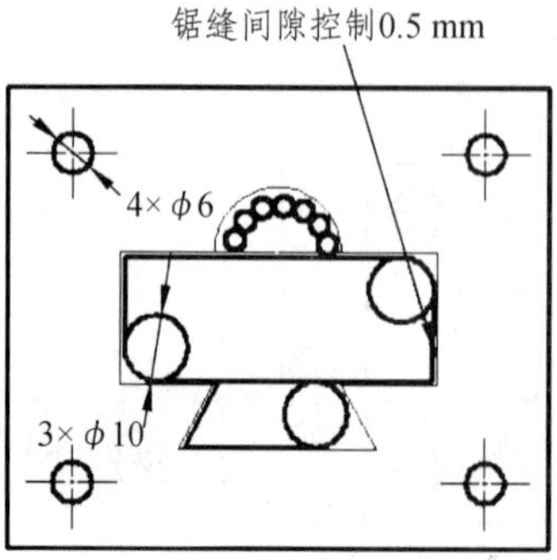 （a） 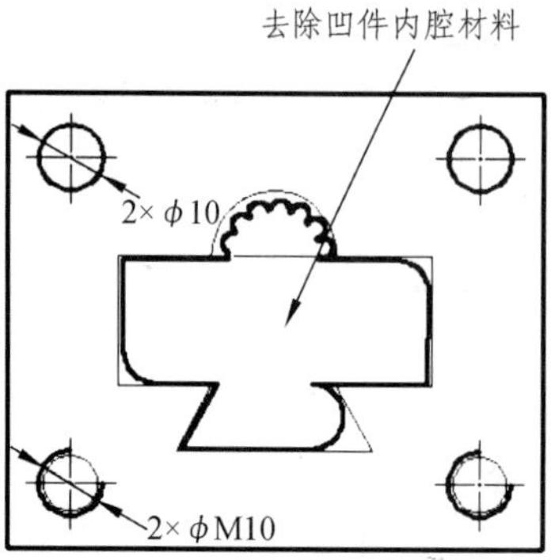 （b）	按图示锯削、打工艺孔、排孔、锉削加工凹件 2： 1）先加工外形尺寸（70±0.035）mm 和（85±0.035）mm，达到尺寸外形精度要求； 2）按图（a）先打样冲眼，选ϕ6 mm 钻头钻 4 个孔，选ϕ10 mm 钻头钻 3 个锯削孔槽，刃磨锯条达到小于 8 mm 的锯条宽度，通过图（a）去除型腔内部材料，控制距离大致为 0.5 mm，按划线位置用ϕ6 mm 钻头钻第一个底孔； 3）用上述方法加工第二个孔，并修孔达到孔位、孔距要求，用ϕ9.8 mm 的钻头扩孔，ϕ12 mm 的钻头轻轻点动一下倒角，最后用ϕ10 mm 铰刀铰孔，满足孔距（10±0.10）mm 和（65±0.06）mm 的精度要求； 4）燕尾下面的底孔也是同样方法先打ϕ6 mm 钻头，用修孔扩孔方式，最后用 M10 的丝锥攻螺纹孔，并满足孔距（10±0.10）mm 和（65±0.06）mm 的精度要求
6. 配做件 2	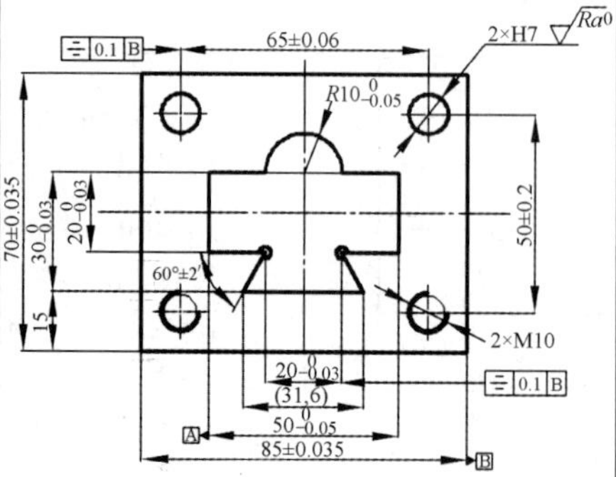	以件 1 为基准配作件 2： 1）用钻头钻出排孔，锯除斜角面多余材料，再粗锉至接近划线线条； 2）细锉凹形两侧面，用凸件插入进行试配，修锉后应符合配合间隙要求； 3）细锉凹形顶端面，在达到外形组合尺寸精度要求，同时应符合配合间隔要求
7. 检查验收		按图样技术要求进行检验

评价反馈

操作完毕，按表 2-4-3、表 2-4-4 进行评分。

表 2-4-3 评分表

序号	鉴定项目及要求				配分 IT	检测结果	得分	备注
1	工件质量（90 分）	锉削	件一	$50_{-0.05}^{0}$ mm	4			
				$30_{-0.03}^{0}$ mm	4			
				$20_{-0.03}^{0}$ mm（3 处）	6			
				60° ± 2′（2 处）	4			
				$R10_{-0.06}^{0}$ mm	5			
				⌯ 0.015 A	4			
			件二	（85 ± 0.025）mm	5			
				（70 ± 0.025）mm	5			
				表面粗糙度 *Ra*1.6 μm	2			
		孔加工		2 × ϕ10H7	4			
				（50 ± 0.2）mm（2 处）	4			
				（65 ± 0.06）mm	3			
				2-M10	4			
				⌯ 0.1 B	4			
				表面粗糙度 *Ra*0.8 μm	2			
		配合		配合（件 1 翻转 180° 配合）间隙 0.05 mm	30			
2	安全操作规范（10 分）			遵守安全操作规程，正确使用工量具、夹具，操作现场整洁。一项不符合总分扣 2～5 分	5			
				安全使用设备，无人身、设备事故。如发生事故成绩 0 分	5			
合计					100			

表 2-4-4　组评表

评价指标	评价情况
与其他同学口头交流学习内容是否顺畅	是：　　　　否：
是否能接受小组成员的意见	是：　　　　否：
是否服从教师的教学安排	是：　　　　否：
着装是否符合标准	是：　　　　否：
能否正确地领会他人提出的学习问题	是：　　　　否：
能否按照安全和规范的规程操作	是：　　　　否：
能否辨别工作环境中哪些是危险的因素	是：　　　　否：
能否合理规范地使用工具和仪器	是：　　　　否：
能否保持学习工作环境的干净整洁	是：　　　　否：
能否遵守学习场所的规章制度	是：　　　　否：
是否有工作岗位的责任心	是：　　　　否：
是否全勤	是：　　　　否：
是否能正确对待自己的错误	是：　　　　否：
是否能保持团队合作	是：　　　　否：

任务5　刮削平板

学习目标

（1）掌握刮削原理、刃磨的正确方法和正确地使用刮削刀具。
（2）掌握平面刮削方法及刮削精度检查方法。
（3）熟悉刮削安全文明操作。
（4）能根据7S现场管理规范，清理场地，归置物品并按环保要求处理废弃物。
建议学时：30学时。

任务描述

我校有一批原始平板要刮削，我们采用渐进法刮削，即不用标准平板，而以3块（或3块以上）平板依次循环互研互刮，直至达到要求。要求完成时间为30课时，同学们严格遵守相关操作规程、安全文明生产，工作现场执行7S管理规范

任务分析

本任务是通过练习了解刮刀的材料、种类、结构，掌握手刮和挺刮的方法，理解原始平板的刮削原理和步骤。刮削姿势的正确与否是练习的重点。在练习中要学会刮刀的刃磨和刮削质量检验。刮刀的正确刃磨是提高刮削速度，保证刮削质量的重要条件。

相关知识

一、刮削的概述

刮削是指用刮刀在加工过的工件表面上刮去微量金属，以提高表面形状精度、改善配合表面间接触状况的钳工作业。刮削是机械制造和修理中最终精加工各种型面（如机床导轨面、连接面、轴瓦、配合球面等）的一种重要方法。

1. 刮削过程

刮削是在工件或校准工具上涂一层显示剂，经过推研，使工件上高的部位显示出来，然后用刮刀刮去较高的金属层；经反复推研、刮削，使工件达到要求的尺寸精度、形状精度及表面粗糙度。刮削又称刮研。

2. 刮削的特点

刮削具有切削量小，切削力小、切削热少和切削变形小的特点，所以能获得很高的尺寸精度、形状精度、接触精度和很小的表面粗糙度。

3. 刮削余量

由于刮削每次只能刮去很薄的金属，若余量太大，则劳动强度大，生产效率低；若余量太小，则上道工序刀痕不能去除，因此，刮削余量一般为 0.05 ~ 0.4 mm。具体见表 2-5-1。

表 2-5-1　刮削余量

<table>
<tr><td colspan="6">平面刮削余量</td></tr>
<tr><td rowspan="2">平面宽度</td><td colspan="5">平面长度</td></tr>
<tr><td>100 ~ 500</td><td>500 ~ 1 000</td><td>1 000 ~ 2 000</td><td>2 000 ~ 4 000</td><td>4 000 ~ 6 000</td></tr>
<tr><td>100 以下</td><td>0.1</td><td>0.15</td><td>0.20</td><td>0.25</td><td>0.30</td></tr>
<tr><td>100 ~ 500</td><td>0.15</td><td>0.20</td><td>0.25</td><td>0.30</td><td>0.40</td></tr>
<tr><td colspan="6">孔的刮削余量</td></tr>
<tr><td rowspan="2">孔径</td><td colspan="5">孔长</td></tr>
<tr><td>100 以下</td><td colspan="2">100 ~ 200</td><td colspan="2">200 ~ 300</td></tr>
<tr><td>80 以下</td><td>0.05</td><td colspan="2">0.08</td><td colspan="2">0.12</td></tr>
<tr><td>80 ~ 180</td><td>0.10</td><td colspan="2">0.15</td><td colspan="2">0.25</td></tr>
<tr><td>180 ~ 360</td><td>0.15</td><td colspan="2">0.20</td><td colspan="2">0.35</td></tr>
</table>

4. 刮削工具

常用刮削工具的特点及应用见表 2-5-2。

表 2-5-2　常用刮削工具的特点及应用

<table>
<tr><td colspan="2">工具类型</td><td>图示</td><td>特点及应用</td></tr>
<tr><td rowspan="2">刮刀</td><td>平面刮刀</td><td>
手刮刀
挺刮刀</td><td>按刮削姿势分为手刮刀和挺刮刀。主要用来刮削平面，如平板、平面导轨、工作台等，也可用来刮前外曲面。按所刮表面精度要求不同，可分为粗刮刀、细刮刀和精刮刀 3 种</td></tr>
<tr><td>曲面刮刀</td><td>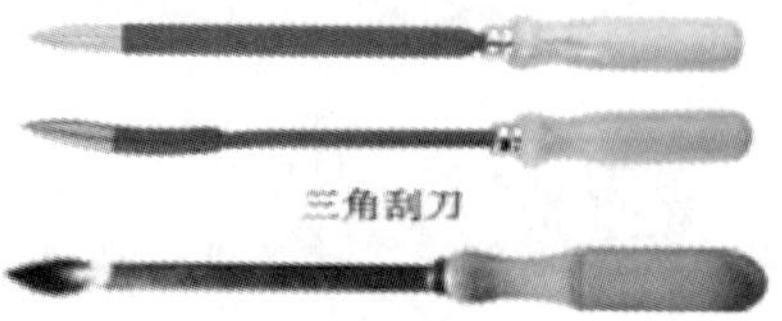
三角刮刀
蛇头刮刀</td><td>按刀头形状分为三角刮刀和蛇头刮刀。主要用来刮削内曲面，如滑动轴承的轴瓦等</td></tr>
</table>

续表

工具类型		图示	特点及应用
研具	平面研具	 标准平板 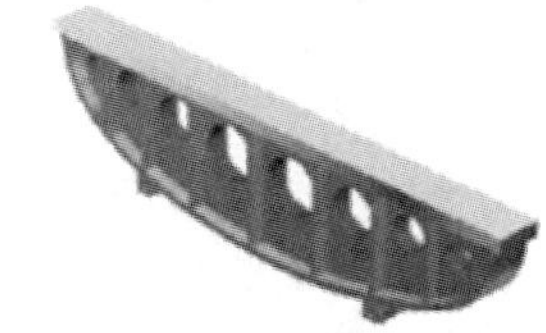 桥形平尺	研具是用来研接触点和检验刮削面精确性的工具，通过与刮削表面磨合，以接触点多少和疏密程度来显示刮削平面的平面度，提供刮削依据。标准平板用来检查较宽的平面；桥形平尺用来检验狭长的平面，如检验机床导轨面的直线度误差等
	角度研具		用来检验两个刮削面呈角度的组合平面，如 V 形导轨面、燕尾导轨面等。其形状有 55°、60°等多种
	曲面研具	一般以相配合的零件为研具，如主轴的轴颈等	用来检验曲面的接触精度和几何精度
显示剂	红丹粉		用来显示刮削表面误差位置和大小。将其均匀涂抹于研具或刮削表面，对研后的凸起部分就被显示出来。 红丹粉分铅丹和铁丹两种，前者呈橘红色，后者呈红褐色。使用时，用机油或牛油调和而成，广泛用于铸铁等黑色金属工件。 普鲁士蓝油是用普鲁士蓝粉和蓖麻油及适量机油调和而成，呈深蓝色。多用于精密工件和有色金属及其合金的工件
	普鲁士蓝油	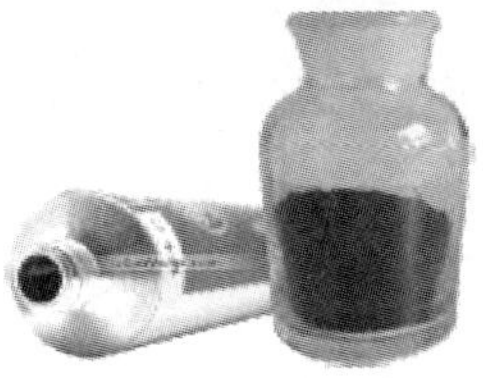	

5. 刮削的种类

刮削可分为平面刮削和曲面刮削两种。

（1）平面刮削。平面刮削有单个平面刮削和组合平面刮削两种。平面刮削一般要经过粗刮、细刮和精刮和刮花如表 2-5-3 所示。

表 2-5-3　粗刮、细刮、精刮、刮花的方法及工艺要求

步骤	方法及工艺要求	刮刀几何角度要求
粗刮	用粗刮刀在刮削面上均匀地铲去一层较厚的金属，目的是去除余量、锈斑及机械刀痕。可采用连续推铲法，使刮削的刀迹连成长片。研点时，显示剂可调得适当稀些，当粗刮到每 25 mm×25 mm 方框内有 3～4 个研点时，粗刮即告结束	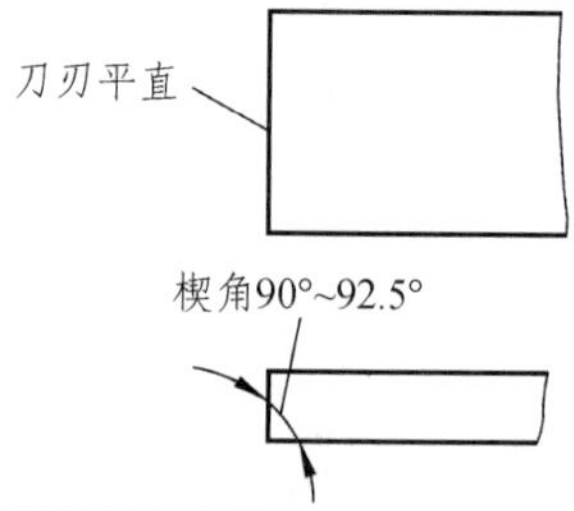
细刮	用细刮刀在经粗刮的表面上刮去稀疏的大块研点，进一步改善不平现象。细刮时可采用短刮法，且随着研点的增多，刀迹逐步缩短。在每刮一遍时，需按一定方向刮削，刮第二遍时要与第一遍交叉方向刮削，以消除原方向的刀迹。研点时，显示剂可调得适当干些，要求涂得薄而均匀。当达到每 25 mm×25 mm 方框内有 10～14 个研点时，细刮即告结束	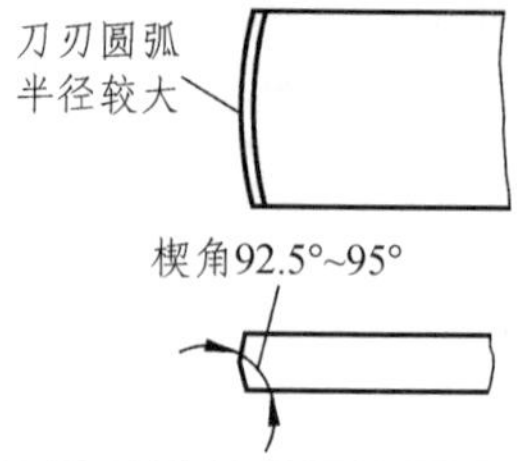
精刮	用精刮刀在细刮的基础上，通过点刮法进一步增加研点，改善表面质量，使刮削面符合各项精度要求。精刮时刀迹要更小，不能重复，落刀要轻，起刀要快，并始终交叉地进行刮削。其显示剂应涂得更薄，只轻微改变刮削面的颜色即可	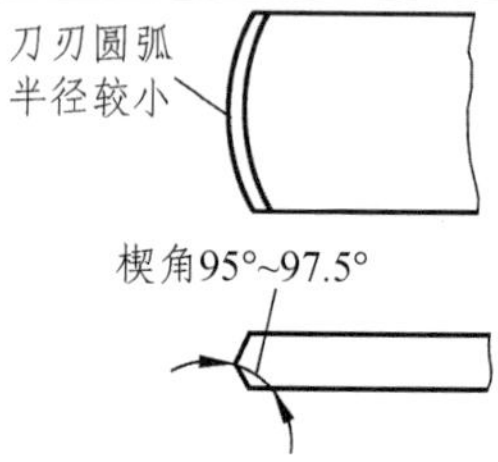
刮花	刮花的目的一是为了增加刮削面的美观；二是为了改善滑动件之间的润滑条件，并且还可以根据花纹消失的多少来判断平面的磨损程度。但是，在接触精度要求高、研点要求多的工件中，不应该刮成大块花纹，否则不能达到所要求的刮削精度。一般常见的刮削花纹有以下几种：  斜纹花  鱼鳞花  半月花  燕子花	

（2）曲面刮削。曲面刮削有内圆柱面，内圆锥面和球面刮削等。

曲面刮削的原理和平面刮削一样，只是曲面刮削使用的工具和掌握刀具的方法与平面刮削有所不同。

6. 刮削接触精度的检查

检查方法如图 2-5-1 所示，常用 25 mm×25 mm 正方形研点数来检测。

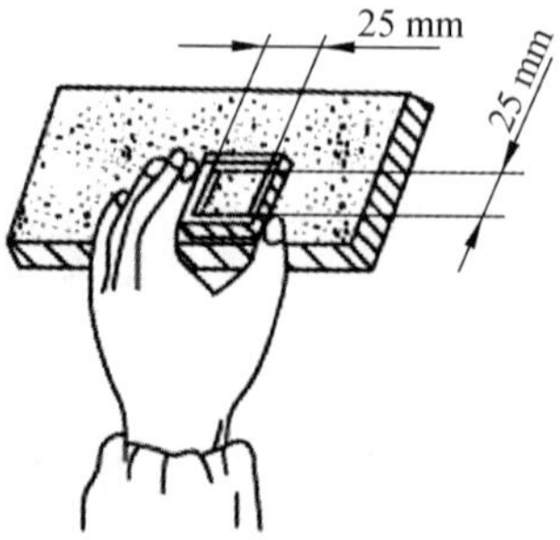

图 2-5-1　刮削接触精度的检查

各种平面接触精度研点数的要求见表 2-5-4。

表 2-5-4 各种平面接触精度研点数的要求

平面种类	每 25 mm×25 mm 内的研点数	应　用
一般平面	2～5	较粗糙机件的固定结合面
	6～8	一般结合面
	9～12	机床台面、一般基准面、机床导向面、密封结合面
	13～16	机床导轨及导向面、工具基准面、量具接触面
精密平面	17～20	精密机床导轨、直尺
	21～25	1 级平板①、精密量具
超精密平面	>25	0 级平板②、高精度机床导轨、精密量具

注：①②表中 1 级平板、0 级平板系指通用平板的精度等级。

二、刮刀的刃磨与热处理

1. 刮刀的刃磨

（1）粗磨后刀面。粗磨后刀面是分别将刮刀后刀面贴在砂轮侧面上。开始时应先接触砂轮边缘再慢慢放平在侧面上，不断地前后移动刃磨，使两后刀面均平整，在刮刀的全宽上不应有显著的厚薄差别。

（2）粗磨前刀面。为防止刮刀弹抖，使前刀面以一定的角度接触砂轮，再转至水平，在砂轮边缘上平稳地左右移动。并要求端面与刀身中心线垂直。

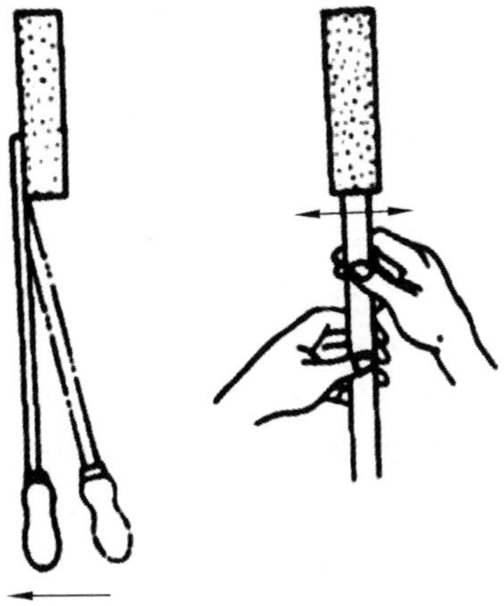

（a）　（b）

图 2-5-2 粗磨前刀面

2. 热处理

将磨好的刮刀头部，放在炉火上缓慢地加热到 780～800 °C（呈樱红色），取出后迅速放入冷水（或 10%的盐水）中冷却，浸入深度 8～10 mm，并将刮刀沿着水面缓慢移动，待冷却到刮刀露出水面部分呈黑色时，由水中取出，观察其刃部颜色变为白色时，再迅速将刮刀浸入水中完全冷却即可，如图 2-5-3 所示。

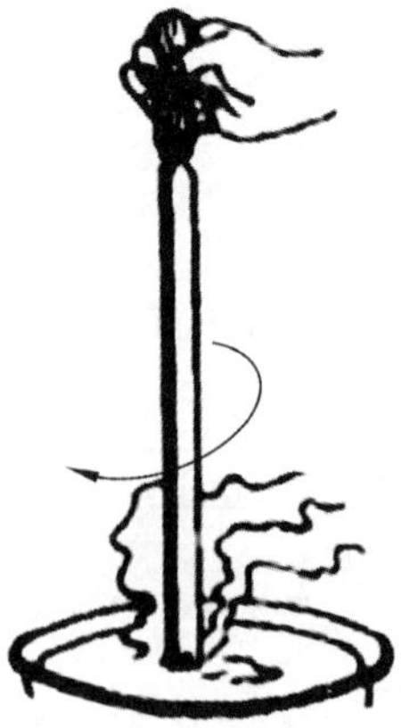

图 2-5-3　刮刀热处理

3. 细　磨

细磨即经过处理后的刮刀在细砂轮上细磨达到刮刀形状和几何角度要求。刃磨时，应避免刀口部分退火，动作和方法同粗磨。

4. 精　磨

平面刮刀的刃磨操作时，在油石上加适量机油，先磨两平面，按图 2-5-4 所示的箭头方向往复移动刮刀，直至平面磨平整为止。然后精磨端面。刃磨时左手扶住靠近手柄的刀身，右手紧握刀身，使刮刀直立在油石上，略带前倾（前倾角度根据刮刀β角的不同而定）地向前推移，拉回时刀身略微提起，以免损伤刃口，如此反复，直到切削部分的形状和角度符合要求，且刃口锋利为止。当一半面磨好后再磨另一半面。初学时还可将刮刀上部靠在肩上，两手握刀身，向后拉动来磨锐刃口，而向前则将刮刀提起。

（a）　　　　（b）　　　　（c）

图 2-5-4　精磨

三、刮削方法

1. 手刮法

右手握刀柄，左手在距刀刃约 50 mm 处握住刀杆，刮刀与被刮削表面成 25° ~ 30°角。同时，左脚前跨一步，上身向前倾。刮削时，右臂利用上身摆动向前推，左手向下压，并引导刮刀运动方向，在下压推挤的瞬间迅速抬起刮刀，完成一次刮削动作。

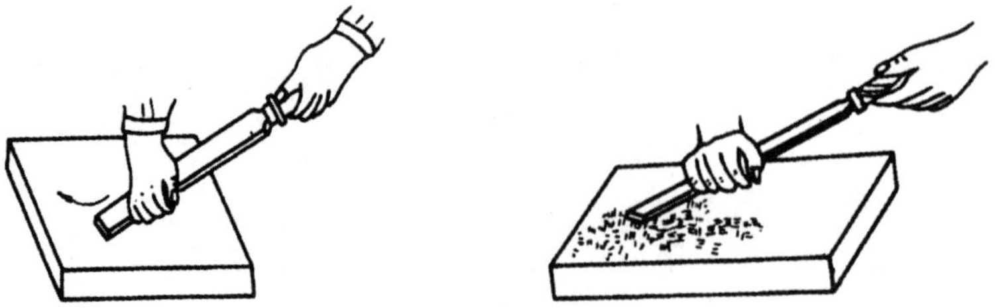

图 2-5-5　手刮法

2. 挺刮法

将刀柄顶在小腹右下侧，双手握刀离刃口约 80 mm 处。刮削时，左手下压落刀要轻，利用腿和臀部力量使刮刀向前推挤，双手引导刮刀前进。在推挤瞬间，双手将刮刀提起，完成一次刮削动作。

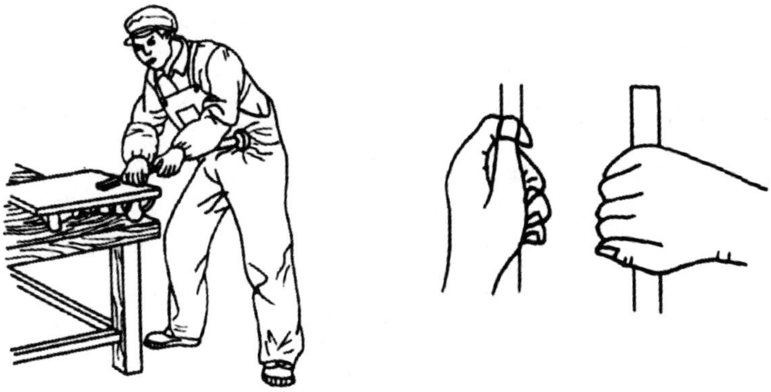

（a）　　　　　　　　（b）

图 2-5-6　挺刮法

四、安全文明生产及注意事项

（1）在显点研刮时，工件不可超出标准平板太多，以免掉下而损坏工件。

（2）刃磨时施加压力不能太大，刮刀应缓慢接近砂轮，避免刮刀颤抖过大造成事故。

（3）刮刀柄要安装可靠，防止木柄破裂，使刮刀柄端穿过木柄伤人。

（4）刮削工件边缘时，不可用力过猛，以免失控，发生事故。

（5）使用刮刀时注意安全，不可嬉戏。

（6）刮刀使用完毕后，刀头部位应用纱布包裹，妥善放置。

（7）标准平板使用完毕后，须擦洗干净，并涂抹机油，妥善放置。

（8）正确使用砂轮和油石，防止出现局部凹陷，降低使用寿命。

任务实施

一、准备工作

刮削原始平板，要求刮削动作准确，刀迹整齐美观，接触点每 25 mm × 25 mm 18 点以上（3 块），接触点清晰、均匀，无明显落刀痕，无丝纹和振痕（3 块）。

（1）做好防护措施，穿好工作服，戴好工作帽，下达任务，分组协作（见表 2-5-5）。

表 2-5-5　小组分配表

（小组称号）		
小组成员	姓名	主要职责
组长		
安全员		
工具员		
材料员		
组员		

（2）各小组接受任务，进行装配前分析讨论，制订计划。领取工、装、夹具，列出所需的工量具清单（见表 2-5-6），并到仓库领取。

表 2-5-6　工量具清单

序号	名称	规格	数量
1			
2			
3			
4			
5			
6			
7			
8			

二、操作步骤

将 3 块平板单独进行粗刮，去除机械加工的刀痕和锈斑；对 3 块平板分别编号为 1、2、3，按编号次序进行刮削，如图 2-5-7。

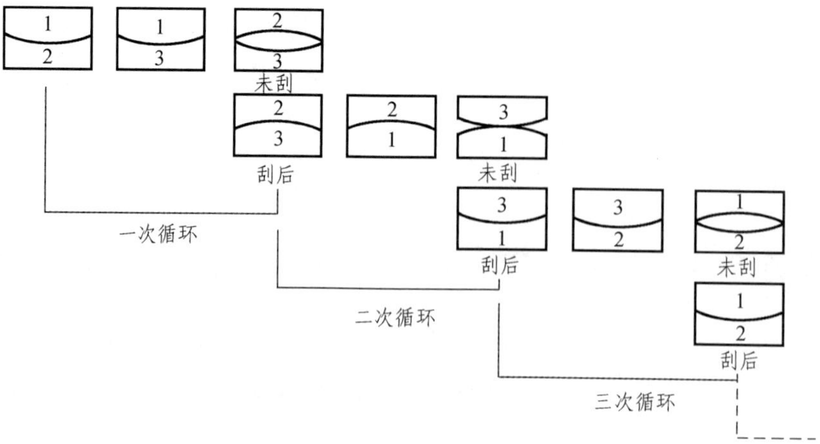

图 2-5-7　循环刮削

1. 第一次循环刮削

（1）设 1 号平板为基准，与 2 号平板互研互刮，使 1、2 号平板贴合。

（2）将 3 号平板与 1 号平板互研，单刮 3 号平板，使 1、3 号平板贴合。

（3）将 2、3 号平板互研互刮，这时 2 号和 3 号平板的平面度略有提高。

2. 第二次循环刮削

（1）在上一次 2 号与 3 号平板互研互刮的基础上，按顺序以 2 号平板为基准，1 号与 2 号平板互研，单刮 1 号平板，使 2 号、1 号平板贴合。

（2）将 3 号与 1 号平板互研互刮，这时 3 号与 1 号平板的平面度又有了提高。

3. 第三次循环刮削

（1）在上一次 3 号与 2 号平板互研互刮的基础上，按顺序以 3 号平板为基准，2 号与 3 号平板互研，单刮 2 号平板，使 3、2 号平板贴合。

（2）将 1 号与 2 号平板互研互刮，这时 1 号与 2 号平板的平面度进一步提高。

如此循环刮削，次数越多，则平板越精密。直到在 3 块平板中任取两块推研，不论是直研还是对角研都能得到相近的清晰研点，且每块平板上任意 25 mm × 25 mm 内均达到 18 ~ 20 个点以上，表面粗糙度值 $Ra \leqslant 0.8\ \mu m$，且刀迹排列整齐美观，刮削即完成。

评价反馈

操作完毕，按表 2-5-7、表 2-5-8 进行评分。

表 2-5-7　评分表

班级：________ 姓名：________ 学习任务名称：________

目标	评价项目	每项分值	自我评价	教师评价
能力	1. 接触点每 25 mm×25 mm 18 点以上（3 块）	15		
	2. 点子清晰、均匀，每 25 mm×25 mm 点数允差 6 点（3 块）	15		
	3. 无明显落刀痕，无丝纹和振痕（3 块）	10		
	4. 刮削动作准确	10		
	5. 刀迹整齐美观	10		
素养	7. 工作着装是否符合规定	10		
	8. 是否参与现场的清洁和整理工作	10		
	9. 本次任务中，是否主动协作	10		
	10. 工作业完成情况	10		
总评	合计总分	100		

表 2-5-8 组评表

评价指标	评价情况	
与其他同学口头交流学习内容是否顺畅	是：	否：
是否能接受小组成员的意见	是：	否：
是否服从教师的教学安排	是：	否：
着装是否符合标准	是：	否：
能否正确地领会他人提出的学习问题	是：	否：
能否按照安全和规范的规程操作	是：	否：
能否辨别工作环境中哪些是危险的因素	是：	否：
能否合理规范地使用工具和仪器	是：	否：
能否保持学习工作环境的干净整洁	是：	否：
能否遵守学习场所的规章制度	是：	否：
是否有工作岗位的责任心	是：	否：
是否全勤	是：	否：
是否能正确对待自己的错误	是：	否：
是否能保持团队合作	是：	否：

项目 3　传动机构的装配

任务 1　带传动的装配

学习目标

（1）了解带传动的结构特点及应用。
（2）掌握带传动的安装与修理方法。
（3）掌握带传动的检测方法。
（4）掌握带传动张紧力的调节方法。
（5）能根据 7S 现场管理规范，清理场地，归置物品并按环保要求处理废弃物。
建议学时：30 学时。

任务描述

车削车间有几台车床，工作时候皮带箱里有异常的响动。现请同学们前去检查是否是带传动机构出现问题。本任务要求同学们能对带传动机构进行安装和调试。车床的带传动机构如图 3-1-1 所示。

图 3-1-1　车床的带传动机构

任务分析

带传动机构是将电动机的运动传递到主轴箱的，该任务是通过安装皮带轮，安装皮带并调整来排除故障。

相关知识

一、带传动基本知识

带传动机构是将传动带紧紧地套在两个带轮上，利用带与带轮之间的摩擦力来传递运动和动力。

1. 带传动的结构特点

带传动是由主动带轮、从动带轮和传动带所组成，分为摩擦带传动和啮合带传动两大类。按传动带横截面的形状，带传动可分为平带传动、V 带传动、圆带传动和同步带传动等。其中平带传动、V 带传动、圆带传动为摩擦带传动，同步带传动为啮合带传动。

带传动的结构特点见表 3-1-1。

表 3-1-1　带传动的结构特点

结构类型		图示	特点及应用
摩擦带传动	平带传动		由一条平带与两个或多个带轮组成的摩擦传动。带的工作面与带轮的轮缘表面接触，平带的横截面为扁平矩形。其形式有两轴线平行的开口传动和交叉传动，以及两交错轴的半交叉传动
	V 带传动		由一条或数条 V 带和 V 带轮组成的摩擦传动。V 带的横截面为梯形，两侧面为工作面，工作时 V 带与轮槽两侧面接触，在同样拉力的作用下，V 带传动的摩擦力约为平带传动的三倍，故能传递较大的载荷，应用最为广泛
	多楔带传动		由多楔带与两个或多个带轮组成的传动，其中至少一个带轮有楔槽，带轮的轴线与带的纵截面垂直。多楔带是若干 V 带的组合，可避免多根 V 带长度不等，传力不均的缺点

续表

结构类型		图示	特点及应用
摩擦带传动	圆形带传动	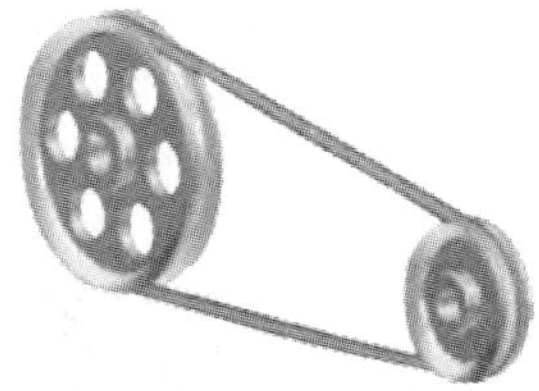	由圆带和带轮组成的摩擦传动。带的横截面为圆形，常用皮革或棉绳制成，只用于小功率传动
同步（齿形）带传动			由同步带与两个或多个同步带轮组成的啮合传动，其同步运动或动力通过带齿与轮齿相啮合传递。带与带轮间没有相对滑动，可保持主、从动轮线速度同步

2. 带传动的应用

（1）传动带有弹性，能缓冲、吸振，传动较平稳，噪声小。

（2）摩擦带传动在过载时，传动带在带轮上的打滑，可防止损坏其他零件，起安全保护作用，但不能保证准确的传动比。

（3）结构简单，制造成本低，适用于两轴中心距较大的传动。

（4）传动效率低，外廓尺寸大，对轴和轴承压力大，寿命短，不适合高温易燃场合。

3. 带传动的优缺点

（1）适合于中心距较大的传动。

（2）能缓和载荷冲击；运行平稳，无噪声。

（3）过载时将引起带在带轮上打滑，从而可防止其他零件的损坏。

（4）结构简单，成本低廉。

（5）传动外廓尺寸较大。

（6）需要张紧装置。

（7）传动效率较低。

（8）不能保持准确的传动比。

（9）带的寿命较短。

4. 带传动的应用范围

带传动的应用范围很广，其中 V 带传动应用最广。一般带的工作速度为 $v = 5 \sim 25$ m/s，传动比为 $i = 7$，传动效率为 $\eta = 0.90 \sim 0.95$。

5. V 带的构造与规格

V 带有普通 V 带、窄 V 带和宽 V 带、活络 V 带等类型。一般多使用普通 V 带，现在使用窄 V 带的也比较广泛。

普通 V 带为标准件，有 Y、Z、A、B、C、D、E 7 种型号。普通 V 带有两种结构：帘布芯结构与线绳芯结构（见图 3-1-2）。且两种结构均由顶胶层；抗拉体（承载层）；底胶层；包布层 4 层组成。不同之处帘布芯结构的承载层是胶帘布，其抗拉强度较高；线绳芯结构的承载层是线绳，其绳芯结构柔韧性好，适用于转速较高，带轮直径较小的场合。

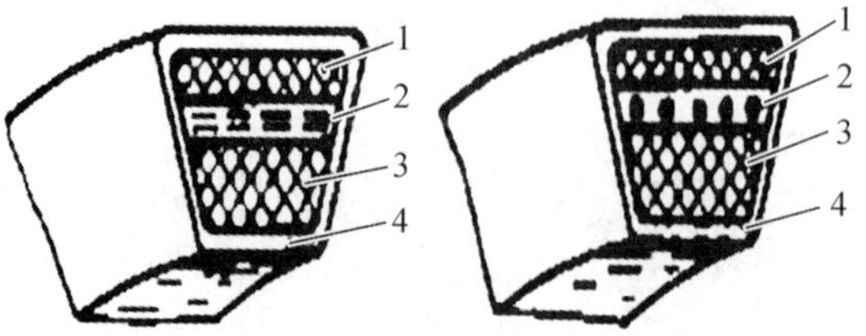

（a）帘布芯结构　　（b）绳芯结构

图 3-1-2　普通 V 带结构

V 带制成无接头的环形。基准长度 L_d，V 带两摩擦面间的夹角称为楔角，楔角都是 40°。

二、带轮与轴的连接装配

带轮与轴一般为过渡配合，同轴度较高，并且用紧固件作周向和轴向固定。

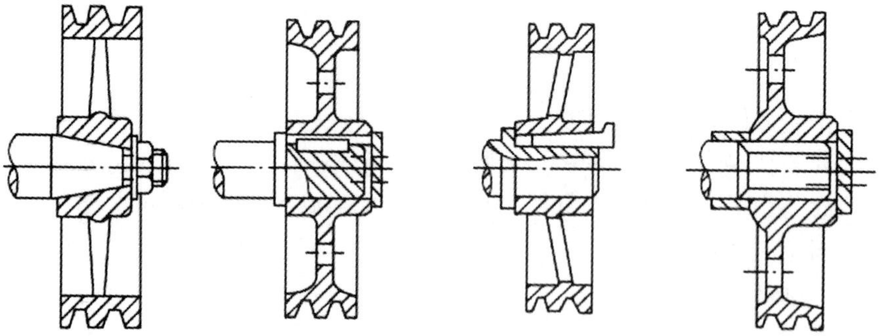

（a）圆锥过盈连接　（b）平键连接　（c）楔键连接　（d）花键连接

图 3-1-3　带轮与轴的连接

三、带传动机构的装配要求

（1）带轮安装要正确，其径向圆跳动量和端面圆跳动量应控制在规定范围内。

（2）两带轮中间平面应重合，一般倾斜角应小于 1°。

（3）带轮工作面表面粗糙度值大小要适当，一般为 $Ra1.6\ \mu m$。

（4）带的张紧力要适当，且调整方便。

四、带传动机构的修理

1. 带轮轴颈弯曲的修理（见图 3-1-4）

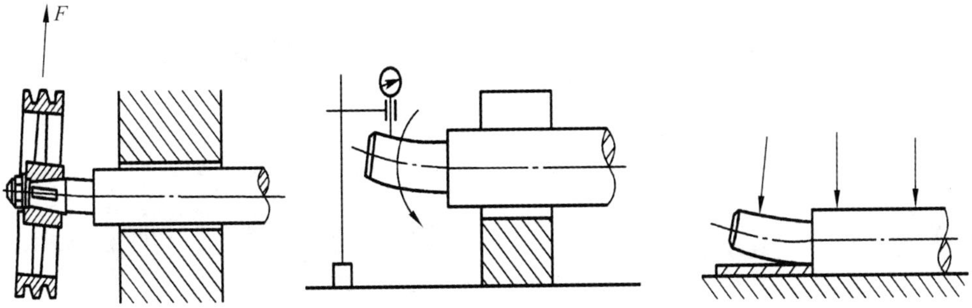

（a）带轮轮轴弯曲　　（b）轮轴弯曲的检查　　（c）矫直的方法

图 3-1-4　带轮轴颈弯曲的修理

2. 带轮内孔与轮轴配合松动的修理

（1）当带轮孔径与轮轴的磨损量较小时，可将带轮的孔在车床上修光。

（2）对于带轮孔径、轴颈磨损较严重时，可将带轮孔径镗大，并压装衬套，再用骑缝螺钉进行固定，并加工出新的键槽，

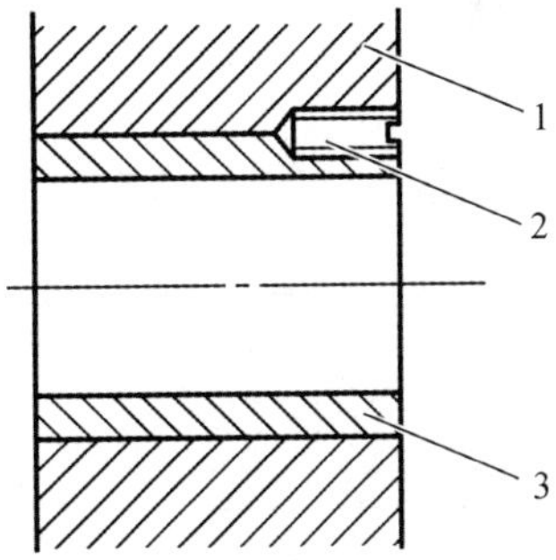

1—带轮；2—骑缝螺钉；3—衬套。

图 3-1-5　带轮内孔与轮轴配合松动的修理

任务实施

C6140 车床皮带轮的安装与调整

一、准备工作

（1）做好防护措施，穿好工作服，戴好工作帽，下达任务，分组协作（见表 3-1-2）。

表 3-1-2　小组分配表

（小组称号）		
小组成员	姓名	主要职责
组长		
安全员		
工具员		
材料员		
组员		

（2）各小组接受任务，进行装配前分析讨论，制订计划。领取工、装、夹具（见图 3-1-6），列出所需的工量具清单（见表 3-1-3），并到仓库领取。

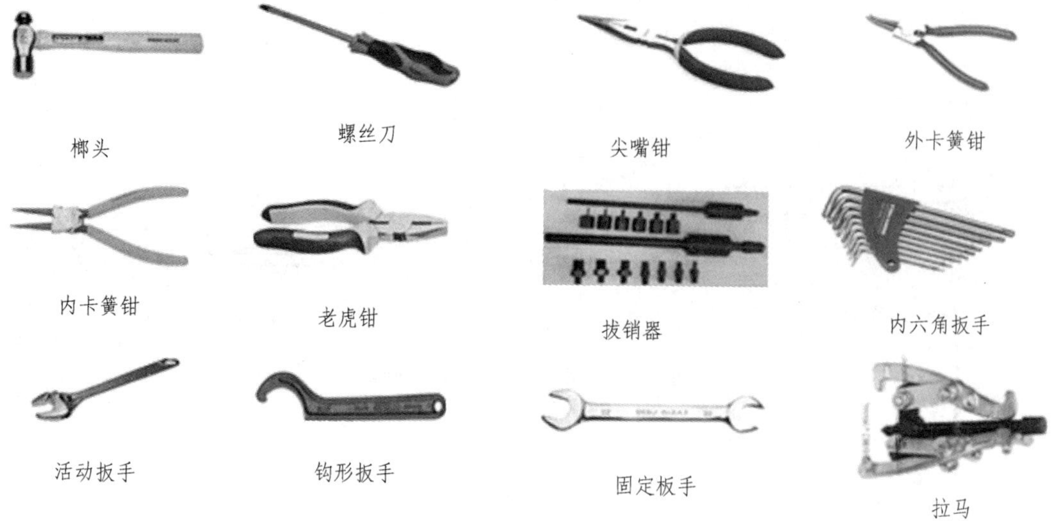

图 3-1-6　工具

表 3-1-3　工量具清单

序号	名称	规格	数量
1			
2			
3			
4			
5			
6			
7			
8			

二、操作步骤

1. 带轮的安装

（1）清理带轮孔、轮槽、轮缘表面上的毛刺和污物。

（2）检查带轮孔径的径向圆跳动和轴向圆跳动误差，其具体方法如图 3-1-7 所示。首先将检验棒，插入带轮孔中，并用两顶尖支顶检验棒；其次将百分表测头分别置于带轮圆柱面和带轮端面靠近轮缘处；最后旋转带轮一周，百分表在圆柱面上的最大读数差即为带轮的径向圆跳动误差，百分表在端面上的最大读数差为带轮的轴向圆跳动误差。

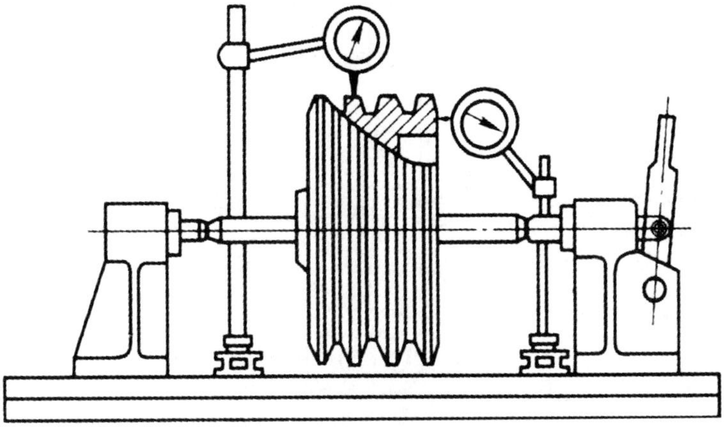

图 3-1-7 带轮跳动量的检查

（3）锉配平键，保证键联接的各项技术要求。

（4）把带轮孔、轴颈清洗干净，涂上润滑油。

（5）装配带轮时，使带轮键槽与轴颈上的键对准，当孔与轴的轴线同轴后，用铜棒敲击带轮靠近孔端面处，将带轮装配到轴颈上。也可用螺旋压入工具将带轮压到轴上。

（6）检查带轮的相互位置精度。如图 3-1-8 所示。

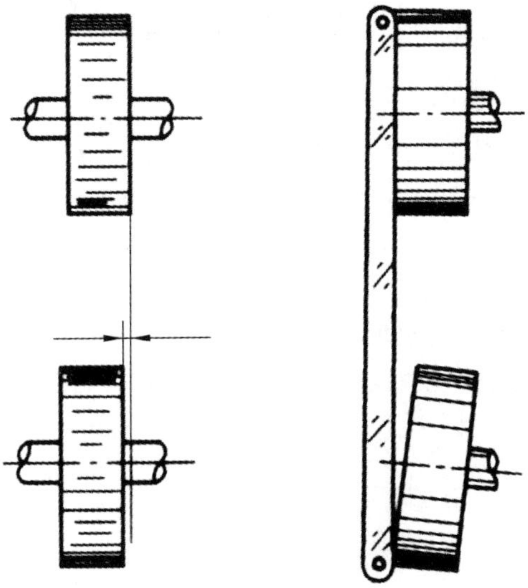

图 3-1-8 带轮相互位置检查

2. V 带安装

（1）将 V 形带套在小带轮的轮槽中。

（2）将 V 形带套在大带轮近端面的一个轮槽外边缘上，转动大带轮，同时用一字螺丝刀将 V 形带拨入轮槽内如图 3-1-9 所示。

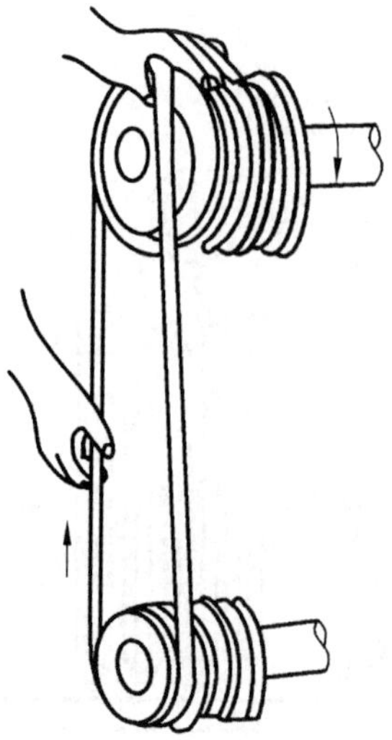

图 3-1-9　V 形带的安装

（3）检查 V 形带装入轮槽后的位置是否正确如图 3-1-10 所示。

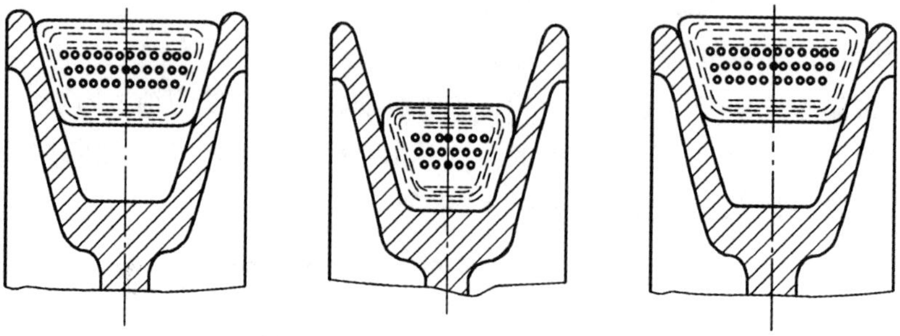

（a）正确　　（b）错误（太低）　　（c）错误（太高）

图 3-1-10　检查 V 形带装入轮槽的位置

3. 张紧力的检查

（1）张紧力的测定，通常是在 V 形带与两带轮切点的跨度中点处，施加一规定的垂直于带边的力 G，每跨度 100 mm 产生挠度 1.6 mm。

（2）在实际生产中，对于一般要求的机械，可根据经验判断初拉力是否合适。用大拇指按压在 V 形带切边处中点，能将 V 形带按下 15 mm 左右即可，如图 3-1-11 所示。

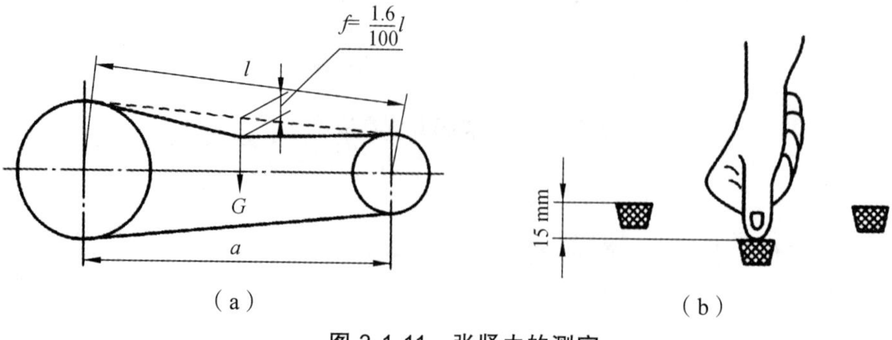

（a）　　（b）

图 3-1-11　张紧力的测定

4. 张紧力的调整

传动带工作一定时间后将发生塑性变形，使张紧力减小。为能正常地进行传动，在带传动机构中都有调整张紧力的装置，其原理是靠改变两带轮的中心距来调整张紧力。当两带轮的中心距不可改变时，可使用张紧轮张紧，见表 3-1-4。

表 3-1-4 张紧力调整方法

张紧方法	示意图
通过改变两带轮中心距来调整张紧力	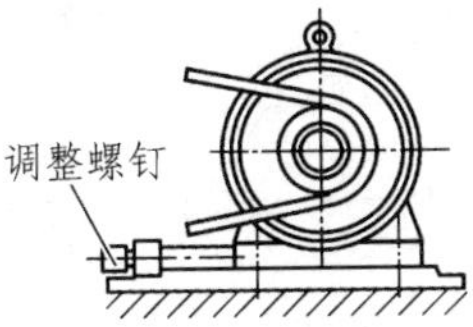 水平方向调节中心距 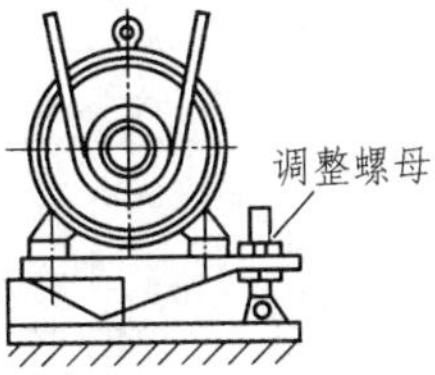 垂直方向调节中心距
利用张紧轮来调整张紧力	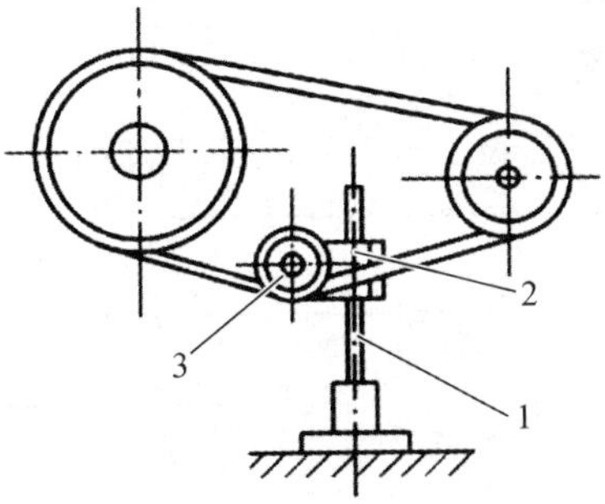 1—支架杆；2—调整座；3—张紧轮。

三、安全文明生产知识

带传动机构装配的注意事项：

（1）严格控制带轮的径向圆跳动和轴向窜动量。

（2）两带轮的端面一定要在同平面内；轴线应相互平行。

（3）带轮工作表面的表面粗糙度值要大小适当，过大，会使传动带磨损较快；过小，易使传动带打滑，一般 *Ra*1.6 μm左右比较合适。

（4）带的张紧力要适当，不能太大或太小。

（5）V 带安装时不能搞错型号，不能新旧混用。

（6）V 带套装时，禁止直接用手扳带进行套装，以防伤手。

（7）小带轮上的包角不能小于 120°，否则容易打滑。

（8）带传动张紧轮的安装位置不能搞错。V 带应安装在松边的内侧，靠近大带轮的位置，防止小带轮包角过多减小；平带应安装在松边的外侧，靠近小带轮处，可增大小带轮包角并提高传动能力。

（9）应装安全防护罩防止绞伤人，并防止润滑油和其他杂物飞溅到带上影响传动。

评价反馈

操作完毕，按表 3-1-5、表 3-1-6 进行评分。

表 3-1-5　评分表

班级：________　　姓名：________　　学习任务名称：________

目标	评价项目	每项分值	自我评价	教师评价
能力	1. 皮带张紧力的调节	15		
	2. 皮带轮精度调节	15		
	3. 装配顺序、方法及完整	10		
	4. 量具的使用	10		
	5. 工具的使用	10		
素养	6. 工作着装是否符合规定	10		
	7. 是否参与现场的清洁和整理工作	10		
	8. 本次任务中，是否主动协作	10		
	9. 工作业完成情况	10		
总评	合计总分	100		

表 3-1-6　组评表

评价指标	评价情况	
与其他同学口头交流学习内容是否顺畅	是：	否：
是否能接受小组成员的意见	是：	否：
是否服从教师的教学安排	是：	否：
着装是否符合标准	是：	否：
能否正确地领会他人提出的学习问题	是：	否：
能否按照安全和规范的规程操作	是：	否：
能否辨别工作环境中哪些是危险的因素	是：	否：
能否合理规范地使用工具和仪器	是：	否：
能否保持学习工作环境的干净整洁	是：	否：
能否遵守学习场所的规章制度	是：	否：
是否有工作岗位的责任心	是：	否：
是否全勤	是：	否：
是否能正确对待自己的错误	是：	否：
是否能保持团队合作	是：	否：

任务 2　齿轮传动的装配

学习目标

（1）能说明齿轮机构的应用及分类。

（2）能说出标准齿轮各部分名称、参数并能计算齿轮几何尺寸。

（3）能够熟练进行圆柱齿轮传动机构的装配。

（4）能根据 7S 现场管理规范，清理场地，归置物品。

任务描述

学校里有一批 THMDZT-1 实训装置减速器（见图 3-2-1）需要安装，现请同学们根据装配图纸进行安装调试。任务是要求同学们能对齿轮传动机构进行安装和调试。

图 3-2-1　THMDZT-1 实训装置减速器

任务分析

该机构是将电动机的运动通过同步带传递到减速箱，并将运动通过连传动的机构传递出去，该任务是要安装调整齿轮减速机构。

相关知识

齿轮传动是机械中最常见的传动方式之一，它依靠轮齿间的啮合来传递运动和扭矩。齿轮传动具有能保证准确的传动比、传递的功率和速度范围大、传动效率高、使用寿命长、结构紧凑、体积小等优点，它的缺点是传动时噪声大、易冲击振动、不宜远距离传动、制造成本高。

一、齿轮机构的分类

由于齿轮传动可传递空间任意两轴之间的运动和动力，其结构类型较为复杂，所以分类方法较多，通常可按图 3-2-2 所示进行分类。

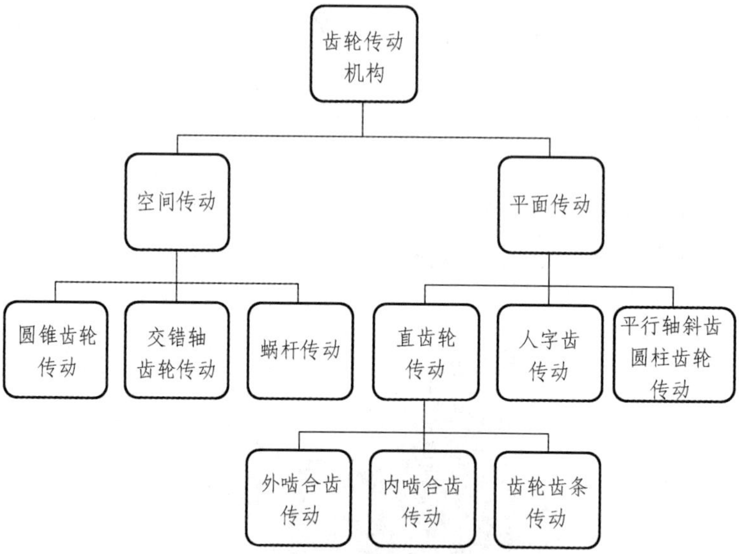

图 3-2-2　齿轮结构的分类

典型齿轮传动的特点及应用见表 3-2-1

表 3-2-1　典型齿轮传动的特点及应用

类型	结构	特点及应用
直齿圆柱齿轮传动机构		它是齿轮传动机构中的最基本形式，啮合时齿面上的接触线是一条与轴线平行的直线，这就使轮齿的啮合沿整个齿宽同时接触或同时分离，无轴向力产生，但容易引起冲击、振动和噪声。用于两平行轴之间的中、低速传动场合
直齿圆锥齿轮传动机构	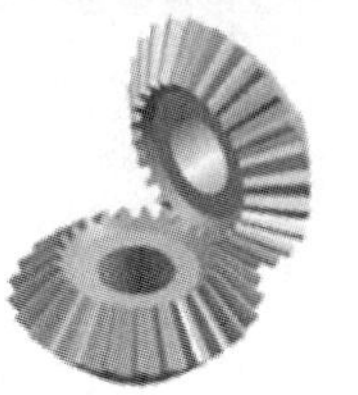	由于轮齿分布在圆锥表面上，能产生一定的轴向力。用于传递两相交轴之间的运动和动力，通常两轴交角为 90°

续表

类型	结构	特点及应用
齿轮齿条传动机构		此传动机构的特点是可将齿轮的回转运动变为齿条的往复直线运动，或将齿条的直线往复运动变为齿轮的回转运动

二、渐开线标准齿轮各部分名称、参数和几何尺寸

1. 渐开线标准齿轮各部分的名称和符号

如图 3-2-3 所示，过轮齿顶端所做的圆称为齿顶圆（d_a）；过轮齿槽底所作的圆称为齿根圆（d_f）；沿任意圆周所量得的轮齿的弧线厚度称为该圆周上的齿厚（s）；相邻两轮齿之间的齿槽设任意圆周所量得的弧线宽度，称为该圆周上的齿槽宽（e）；沿任意圆周所量得的相邻两齿上同侧齿廓之间的弧长称为该圆周上的齿距（p）。在同一圆周上，齿距等于齿厚与齿槽宽之和，即 $p=s+e$。

为了便于计算齿轮各部分的尺寸，在齿轮上选择一个圆作为计算基准，称该圆为齿轮的分度圆。轮齿介于分度圆与齿顶圆之间的部分称为齿顶，其径向高度称为齿顶高（h_a）；介于分度圆与齿根圆之间的部分称为齿根，其径向高度称为齿根高（h_f）；齿顶高与齿根高之和称为齿全高（h），显然 $h=h_a+h_f$。

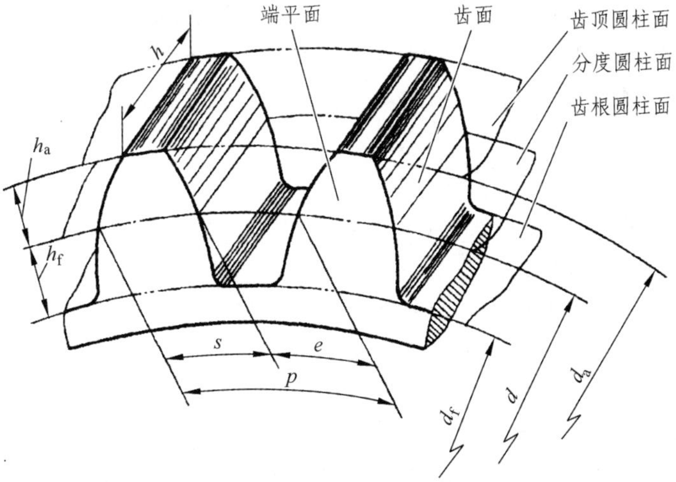

图 3-2-3　渐开线标准齿轮各部分的名称和符号

2. 渐开线标准齿轮基本参数

（1）齿数 z。一个齿轮的轮齿总数。

（2）模数 m。齿距与齿数的乘积等于分度圆的周长，即 $pz=\pi d$，为了便于设计、计算、制造和检验，现令 $p/\pi=m$，m 为模数，单位为 mm。

（3）分度圆压力角 α。在两齿轮节圆相切点 P 处，两齿廓曲线的公法线（即齿廓的受力

方向）与两节圆的公切线（即 P 点处的瞬时运动方向）所夹的锐角称为压力角，也称啮合角。对单个齿轮即为齿形角。标准齿轮的压力角一般为 20°

小压力角齿轮的承载能力较小；而大压力角齿轮，虽然承载能力较强，但在传递转矩相同的情况下轴承的负荷增大，因此仅用于特殊情况。

3. 渐开线标准齿轮几何尺寸

当根据传动比的要求确定了齿轮机构的各内轮的齿数，根据强度要求确定齿轮的模数之后，模数制标准齿轮的几何尺寸可按表 3-2-2 中公式计算确定。

表 3-2-2　模数制标准齿轮的几何尺寸计算表

序号	名称	符号	公式
1	分度圆直径	d	$d = mz$
2	齿顶高	h_a	$h_a = m$
3	齿根高	h_f	$h_f = 1.25m$
4	齿顶圆直径	d_a	$d_a = m(z+2)$
5	齿根圆直径	d_f	$d_f = m(z-2.5)$

4. 齿轮系传动比的大小

（1）定轴轮系的传动比 $i = \dfrac{\omega_{主}}{\omega_{从}} = \dfrac{n_{主}}{n_{从}} = (-1)^m \dfrac{所有从动轮齿数的连乘积}{所有主动轮齿数的连乘积}$

（2）总传动比的正负号，决定于外啮合的对数 m，每有一对外啮合齿轮，就改变一次正负号，设有 m 对外啮合齿轮，则可以用 $(-1)^m$ 作为总传动比的符号。

5. 齿轮传动的装配技术要求

（1）齿轮孔与轴的配合要适当，能满足使用要求。空套齿轮在轴上不得有晃动现象；滑移齿轮不应有咬死或阻滞现象；固定齿轮不得有偏心或歪斜现象。

（2）保证齿轮有准确的安装中心距和适当的齿侧间隙。齿侧间隙是指齿轮非工作表面法线方向距离。侧隙过小，齿轮传动不灵活，热胀时会卡齿，加剧磨损；侧隙过大，则易产生冲击、振动。

（3）保证齿面有一定的接触面积和正确的接触位置。

（4）在变速机构中应保证齿轮准确地定位，其错位量不得超过规定值。

（5）对转速较高的大齿轮，一般应在装配到轴上后再作动平衡检查，以免振动过大。

三、圆柱齿轮传动机构的装配

1. 齿轮与轴的装配

在轴上空套或滑移的齿轮与轴的配合为间隙配合，装配前应检查孔与轴的加工尺寸是否符合配合要求。

在轴上固定的齿轮，与轴的配合多为过渡配合，以保证孔与轴的同轴度。当过盈量不大时，可采用手工工具压入；当过盈较大时，可采用压力机压装；过盈量很大时，则需采用温差法或液压套合法压装。压装时应尽量避免齿轮偏心、歪斜和端面未贴紧轴肩等安装误差，如图 3-2-4 所示。

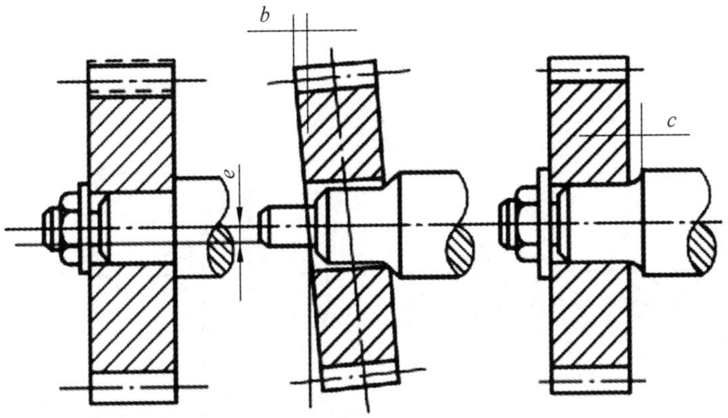

（a）齿轮偏心　（b）齿轮歪斜　（c）齿轮端面未贴紧轴肩

图 3-2-4　齿轮与轴的配合

对于精度要求较高的齿轮传动，齿轮在轴上装好后，应检测齿轮的径向圆跳动量和端面圆跳动量。如图 3-2-5 所示，用等高 V 形铁支承轴承安装轴颈，用百分表每隔 2 ~ 4 个轮齿检测 1 次，旋转 1 周百分表的最大与最小示值之差，就是齿轮的径向圆跳动量。

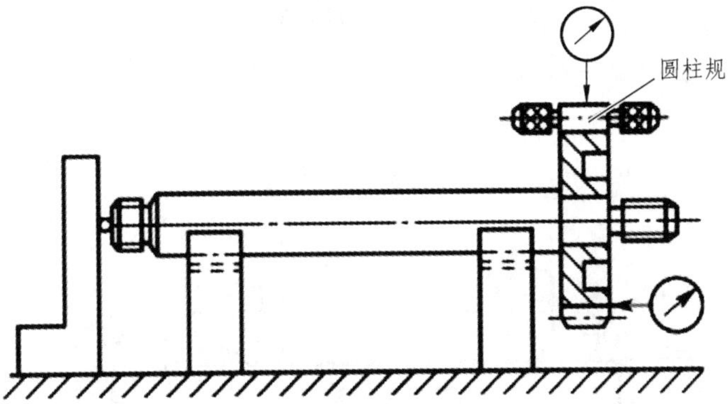

图 3-2-5　检测齿轮的跳动量

2. 齿轮箱体检查

齿轮啮合质量的好坏，除了齿轮本身的制造精度外，箱体孔的尺寸精度、形位精度也对其有直接的影响，所以在齿轮轴组件装入箱体前，应对其进行检查。

（1）孔距。相互啮合的一对齿轮的安装中心距是影响齿侧间隙的主要因素。箱体孔距的检验方法如图 3-2-6 所示。用游标卡尺分别测得 d_1、d_2、L_1、L_2，然后计算出中心距。

$$A = L_1 + \left(\frac{d_1}{2} + \frac{d_{21}}{2}\right)$$

$$A = L_2 - \left(\frac{d_1}{2} + \frac{d_{21}}{2}\right)$$

$$A = \frac{L_1 + L_2}{2}$$

图 3-2-7 为用游标卡尺（或千分尺）和心棒测量孔距。

$$A = \frac{L_1 + L_2}{2} - \frac{d_1 + d_2}{2}$$

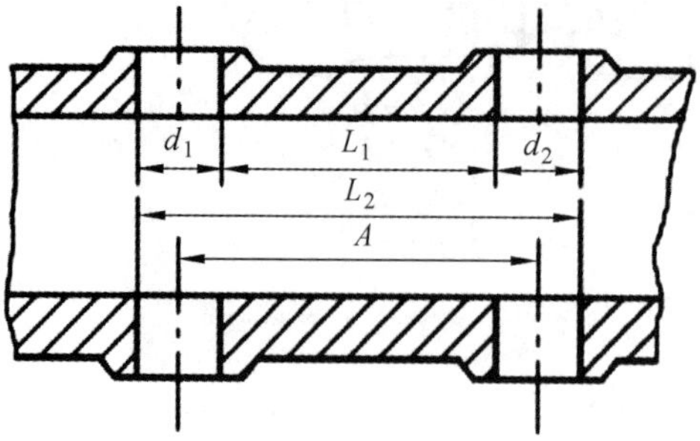

图 3-2-6　用游标卡尺测量

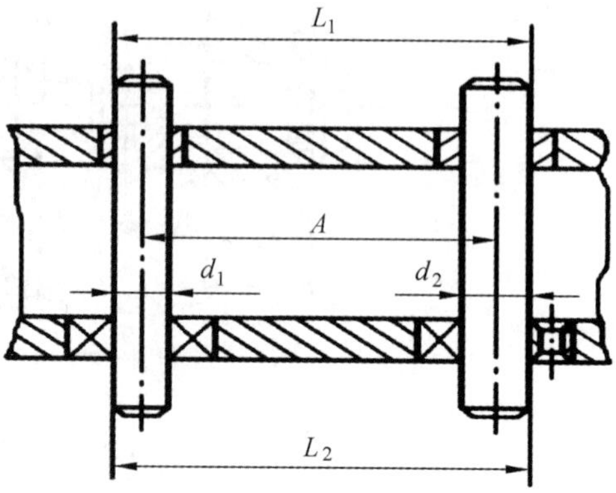

图 3-2-7　用游标卡尺（或千分尺）和心棒测量

（2）孔系（轴系）平行度的检验。孔系平行度影响齿轮的啮合位置和接触面积。分别测量心棒两端尺寸，则两尺寸之差就是两轴线的平行度误差值。

（3）孔轴线与基面距离尺寸精度和平行度的检验方法如图 3-2-8 所示，箱体基面用等高垫铁支承在平板上，心棒与孔紧密配合。用高度尺（量块或百分表）测量心棒两端尺寸 h_1、h_2，则轴线与基面的距离 h 为：

$$h = \frac{h_1 + h_2}{2} - \frac{d}{2} - a$$

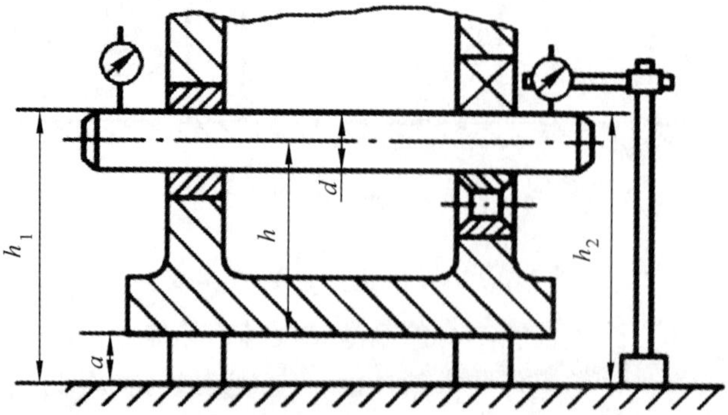

图 3-2-8　孔轴线与基面距离尺寸精度和平行度的检验

（4）孔轴线与端面垂直度的检验。检验方法如图 3-2-9 所示。图（a）是将带圆盘的专用心棒插入孔中，用涂色法或塞尺检查孔中心线与孔端面垂直度。图（b）是用心棒和百分表检查，心棒转动一周，百分表读数的最大值与最小值之差，即为端面对孔中心线的垂直度误差。

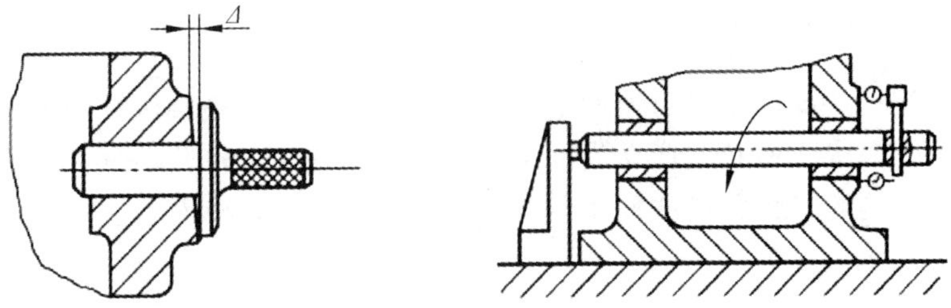

（a）　　　　　　　　　　　　（b）

图 3-2-9　孔轴线与端面垂直度的检验

（5）孔中心线同轴度的检验。检验方法如图 3-2-10 所示。图（a）为成批生产时，用专用心棒检验；图（b）为用百分表及心棒检验，百分表最大读数与最小读数之差的一半为同轴度误差值。

机器修理后的装配，一般对箱体不做检验；但箱体磨损严重或大修理后，应对箱体孔进行检验，检验合格后方可进行装配。

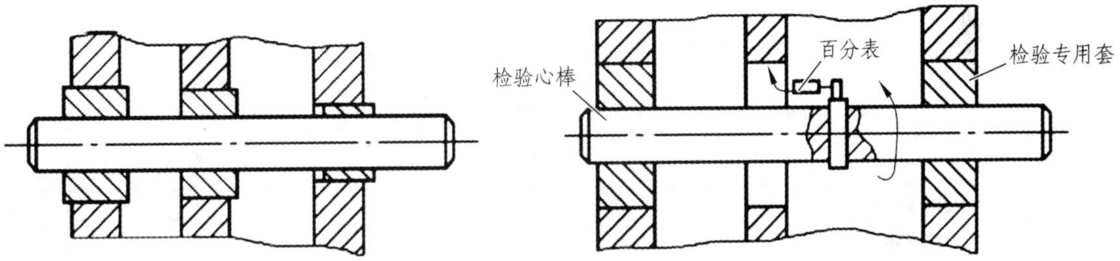

（a）　　　　　　　　　　　　（b）

图 3-2-10　孔中心线同轴度的检验

四、齿轮啮合质量检验

齿轮轴组件装入箱体后，应对齿轮啮合质量进行检验。齿轮的啮合质量包括齿侧间隙和接触精度两项。

1. 齿侧间隙的检验

（1）压铅丝检测法。压铅丝法如图 3-2-11 所示。

（2）百分表检测法。用百分表法检测齿侧间隙如图 3-2-12 所示。

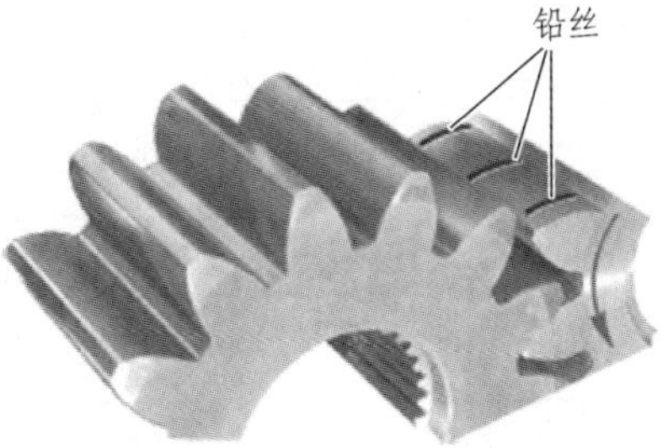

图 3-2-11　压铅丝检测法

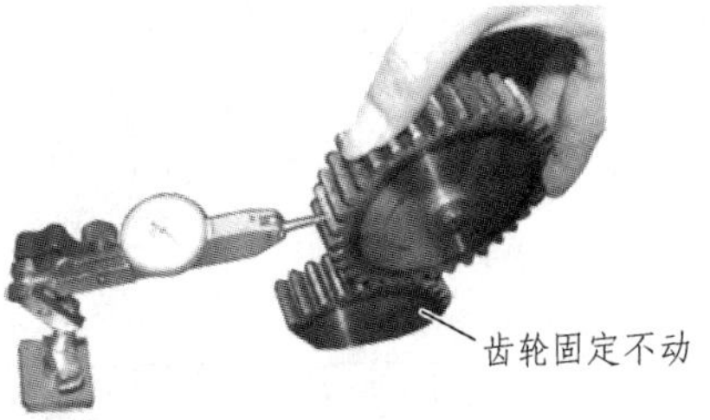

图 3-2-12　百分表检测法

2. 接触精度的检验

影响接触精度的主要因素是齿形制造精度及安装精度。当接触位置正确而接触面积太小时，是由于齿形误差太大所致，应在齿面上加研磨剂并使两齿轮转动进行研磨，以增加接触面积。直齿圆柱齿轮的接触斑点位置如图 3-2-13 所示，齿形正确而安装有误差造成接触不良的原因及调整方法见表 3-2-3。

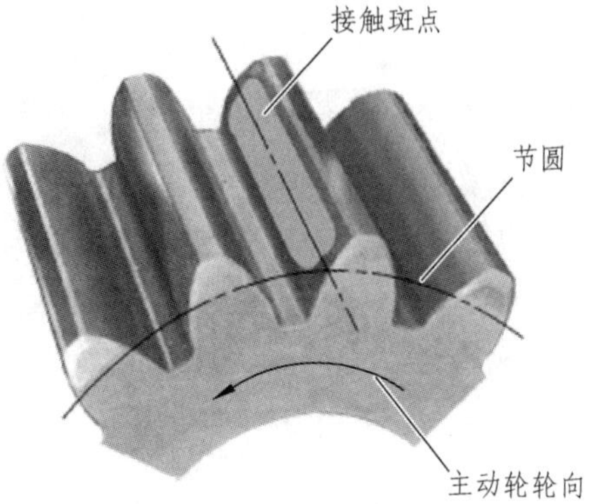

图 3-2-13　直齿圆柱齿轮的接触斑点位置

表 3-2-3　渐开线圆柱齿轮由安装造成接触不良的原因及调整方法

接触斑点	原因分析	调整方法
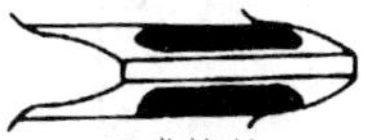 正常接触		
	中心距太大	可在中心距允差范围内，刮削轴瓦或调整轴承座
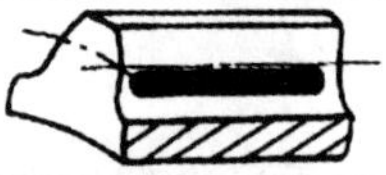	中心距太小	
 同向偏接触	两齿轮轴线不平行	
 异向偏接触	两齿轮轴线歪斜	
 单面偏接触	两齿轮轴线不平行，同时歪斜	
 游离接触（在整个齿圈上接触区由一边逐渐偏向另一边）	齿轮端面与回转中心线不垂直	检查并校正齿轮端面与回转中心线的垂直度
不规则接触（有时齿面一个点接触，有时在端面边线上接触）	齿面有毛刺或有碰伤隆起	去除毛刺、修整

任务实施

THMDZT-1 实训装置减速器的安装与调整。

一、准备工作

（1）做好防护措施，穿好工作服，戴好工作帽，下达任务，分组协作（见表 3-2-4）。

表 3-2-4　小组分配表

（小组称号）		
小组成员	姓名	主要职责
组长		
安全员		
工具员		
材料员		
组员		

（2）各小组接受任务，进行装配前分析讨论，制订计划。领取工、装、夹具，列出所需的工量具清单（见表 3-2-5），并到仓库领取。

表 3-2-5　工量具清单

序号	名称	规格	数量
1			
2			
3			
4			
5			
6			
7			
8			
9			

二、操作步骤

1. 左右挡板的安装

将左右挡板固定在齿轮减速箱底板上如图 3-2-14 所示。

图 3-2-14　左右挡板的安装

2. 输入轴的安装

将两个角接触轴承（按背靠背的装配方法）安装在输入轴上，轴承中间加轴承内外圈套筒。安装轴承座套和轴承透盖，安装好齿轮和轴套后，轴承座套固定在箱体上，挤压深沟球轴承的内圈把轴承安装在轴上，装上轴承闷盖，套上轴承内圈预紧轴套，最后通过调整圆螺母来调整两个角接触轴承的预紧力，如图 3-2-15 所示。

图 3-2-15　输入轴的安装

3. 中间轴的安装

把深沟球轴承压装在固定轴一端，安装两个齿轮和齿轮中间齿轮套筒及轴套后，挤压深沟球轴承的内圈把轴承安装在轴上，最后打上两端闷盖，如图 3-2-16 所示。

图 3-2-16　中间轴的安装

4. 输出轴的安装

将两个角接触轴承（按背靠背的装配方法）安装在输入轴上，轴承中间加轴承内外圈套筒。安装轴承座套和轴承透盖，安装好齿轮后，装紧两个圆螺母，挤压深沟球轴承的内圈把轴承安装在轴上，装上轴承闷盖，套上轴承内圈预紧轴套，最后通过调整圆螺母来调整两个角接触轴承的预紧力，如图 3-2-17 所示。

图 3-2-17　输出轴的安装

5. 轴承端盖的安装

（1）固定端透盖的安装。把固定端透盖的 4 颗螺丝预紧，用塞尺检测透盖与轴承室的间隙，选择一种厚度最接近间隙大小的青稞纸垫片，青稞纸上涂上黄油，安装在透盖和轴承室之间。

（2）游动端透盖的安装。选择 0.3 mm 厚度的青稞纸，青稞纸上涂上黄油，安装在闷盖和变速箱侧板之间，如图 3-2-18 所示。

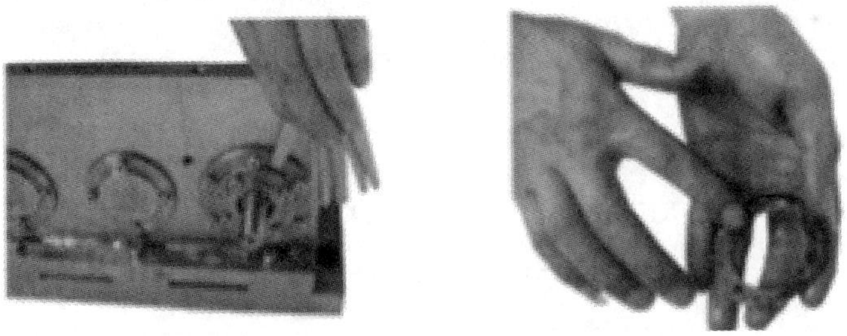

图 3-2-18　游动端透盖的安装

6. 两齿轮齿侧间隙的调整

两直齿圆柱齿轮齿侧间隙，通过杠杆百分表，调整两齿轮的齿侧间隙如图 3-2-19 所示。

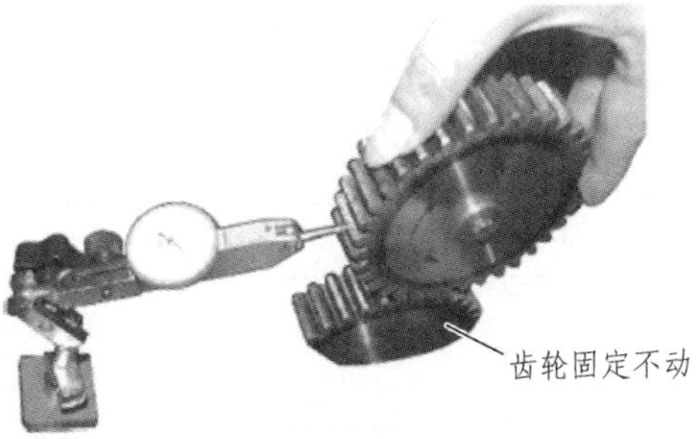

图 3-2-19　两齿轮齿侧间隙的调整

评价反馈

操作完毕，按表 3-2-6、表 3-2-7 进行评价。

表 3-2-6　评分表

班级：__________　姓名：__________　学习任务名称：__________

目标	评价项目	每项分值	自我评价	教师评价
能力	1. 工具的使用	10		
	2. 量具的使用	10		
	3. 齿轮与轴的安装方法	10		
	4. 齿轮轴向跳动检查	10		
	5. 齿轮径向跳动检查	10		
	6. 箱体孔系的检查	10		
	7. 齿轮啮合质量的检查	10		
素养	8. 工作着装是否符合规定	10		
	9. 是否参与现场的清洁和整理工作	10		
	10. 工作业完成情况	10		
总评	合计总分	100		

表 3-2-7　组评表

评价指标	评价情况	
与其他同学口头交流学习内容是否顺畅	是：	否：
是否能接受小组成员的意见	是：	否：
是否服从教师的教学安排	是：	否：
着装是否符合标准	是：	否：
能否正确地领会他人提出的学习问题	是：	否：
能否按照安全和规范的规程操作	是：	否：
能否辨别工作环境中哪些是危险的因素	是：	否：
能否合理规范地使用工具和仪器	是：	否：
能否保持学习工作环境的干净整洁	是：	否：
能否遵守学习场所的规章制度	是：	否：
是否有工作岗位的责任心	是：	否：
是否全勤	是：	否：
是否能正确对待自己的错误	是：	否：
是否能保持团队合作	是：	否：

任务3　螺旋传动的装配

学习目标

（1）了解螺旋传动机构的特点。
（2）了解螺旋传动机构的装配要求。
（3）能熟练进行螺旋传动机构的安装。
（4）能熟练进行螺旋机构的调整。

建议学时：12学时。

任务描述

如图3-3-1所示是CA6140型车床实物图，图中的纵向和横向进给丝杠螺旋副是典型传动机构，该机构对保证车床精度具有重要作用。要求装配螺旋传动符合技术要求。

图3-3-1　CA6140型车床

任务分析

车床为了获得较高的传动精度和定位精度，丝杆与螺母组成的螺旋传动在装配后的精度不仅取决于其加工精度，而且受安装调试的影响。该机构在其他机械设备中也广泛应用。

相关知识

螺旋传动是利用螺杆和螺母组成的螺旋副来实现传动要求的，螺旋机构可将旋转运动变换为直线运动，同时传递运动或动力。其特点是：传动精度高、工作平稳、无噪声、易于自锁、能传递较大的扭矩。缺点是：磨损快、寿命短，摩擦损耗大，传动效率低（30%～40%），传动精度低。在机床中螺旋机构应用广泛，如车床的纵向和横向进给丝杠螺旋副等。

一、螺旋传动的类型

螺旋传动的类型按其用途、受力情况不同，可分为以下 3 种类型：

（1）传力螺旋，如举重器、千斤顶、加压螺旋等。

① 用途：传递动力、以小转矩产生大轴向力，要求自锁。

② 特点：低速、间歇工作，传递轴向力大、自锁。

（2）传导螺旋，如机床进给丝杠。

① 用途：传递运动，要求有较高精度。

② 特点：速度高、连续工作、精度高。

（3）调整螺旋，如机床、仪器及测试装置中的微调螺旋。

① 用途：调整和固定零件间的相互位置。

② 特点：受力较小且不经常转动。

按传动副的摩擦性质螺旋传动分为滑动螺旋副和滚动螺旋副

二、螺旋机构装配的技术要求

为了保证丝杠的传动精度和定位精度，螺旋机构装配后应满足以下要求：

（1）丝杠与螺母组成的螺旋副应具有较高的配合精度和准确的配合间隙。

（2）丝杠与螺母轴线的同轴度及丝杠轴线与基面的平行度应符合规定的技术要求。

（3）丝杠与螺母相互转动应灵活，丝杠的回转精度应在规定的范围内。

（4）装配后丝杠的径向圆跳动和轴向窜动量应符合规定的技术要求。

三、螺旋传动机构的修理

（1）丝杠螺纹磨损的修理。丝杠的调头修复。修理前的丝杠与修理后的丝杠如图 3-3-2 所示。

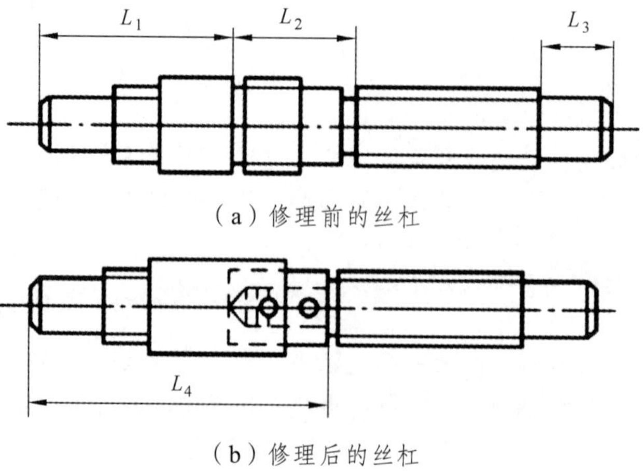

图 3-3-2　丝杠的修理

（2）丝杠轴颈磨损的修理。丝杠轴颈磨损后，可根据磨损情况，采用镀铬、涂镀、堆焊等方法加大轴颈，在车削轴颈时，应与车削螺纹同时进行，以便保持这两部分轴线的同轴度。

（3）螺母磨损的修理。螺母磨损通常比丝杠迅速，因此常需要更换。

（4）丝杠弯曲的修理。弯曲的丝杠常用矫正法修复。

任务实施

一、准备工作

（1）做好防护措施，穿好工作服，戴好工作帽，下达任务，分组协作（见表 3-3-1）。

表 3-3-1　小组分配表

（小组称号）		
小组成员	姓名	主要职责
组长		
安全员		
工具员		
材料员		
组员		

（2）各小组接受任务，进行装配前分析讨论，制订计划。领取工、装、夹具，列出所需的工量具清单（见表 3-3-2），并到仓库领取。

表 3-3-2　工量具清单

序号	名称	规格	数量
1			
2			
3			
4			
5			
6			

二、操作步骤

丝杠螺母的配合间隙是保证其传动精度的主要因素，可分为径向间隙和轴向间隙两种。

1. 径向间隙的测量

径向间隙直接反映丝杠螺母的配合精度，一般由加工来保证，装配前应进行检测。测量前将丝杠螺母副置于如图 3-3-3 所示的位置，并把螺母旋至离丝杠一端 3 ~ 5 个螺距处，以免丝杠产生弹性变形而引起误差。测量时将百分表抵在螺母上，轻轻抬动螺母，螺母的作用力只需稍大于螺母的质量，百分表指针的最大摆动量即为径向间隙值。对径向间隙大于规定的螺母需更换且重新配制。

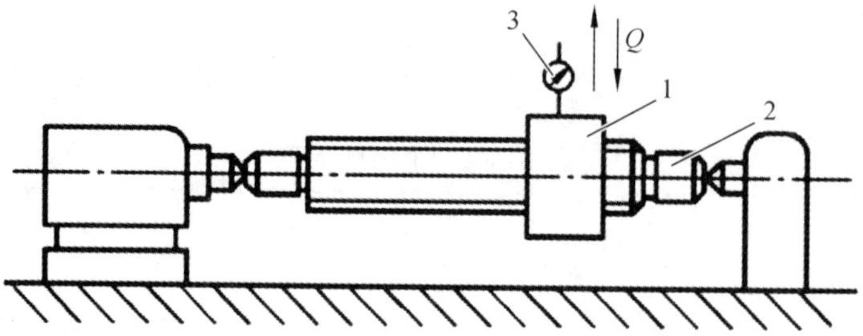

1—螺母；2—丝杠；3—百分表。

图 3-3-3　径向间隙的测量

2. 轴向间隙的消除和调整

丝杠螺母的轴向间隙直接影响其传动的准确性。进给丝杠应有轴向间隙消除机构，简称消隙机构。

（1）单螺母消隙机构。常采用如图 3-3-4 所示的消隙机构，使丝杠和螺母始终保持单向接触。消隙机构的消除力方向应和切削受力 p_x 方向一致，以防止进给时产生爬行现象，因而影响传动精度。

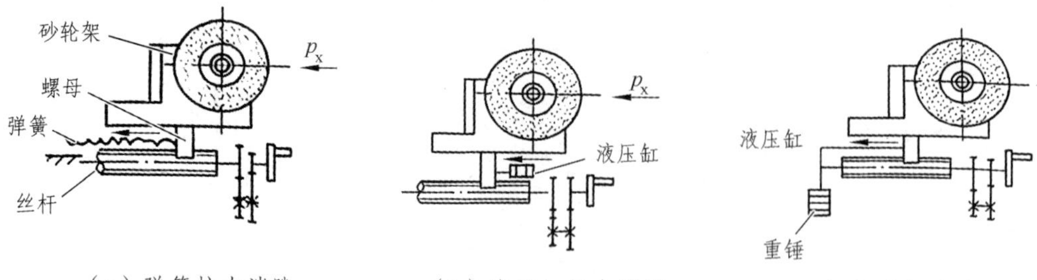

（a）弹簧拉力消隙　（b）液压缸压力消隙　（c）重锤消隙

图 3-3-4　单螺母消隙机构

（2）其他消隙机构。

图 3-3-5 所示是楔块消隙机构。如果要消除右侧轴向间隙，须先松开螺钉 3，再拧动螺钉 1 使楔块 2 向上提升，以推动带斜面的螺母右移，调整好后将螺钉 3 进行锁紧。反之，消除左侧轴向间隙时，则松开左侧螺钉，并通过楔块使螺母向左移动。

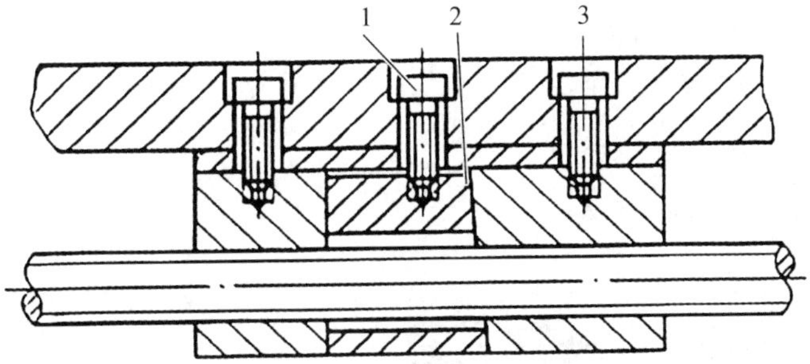

1，3—螺钉；2—楔块。

图 3-3-5　楔块消隙机构

图 3-3-6 为弹簧消隙机构，转动调整螺母 1，通过垫圈 3 及压缩弹簧 2，使螺母 5 向右移动，从而消除轴向间隙。

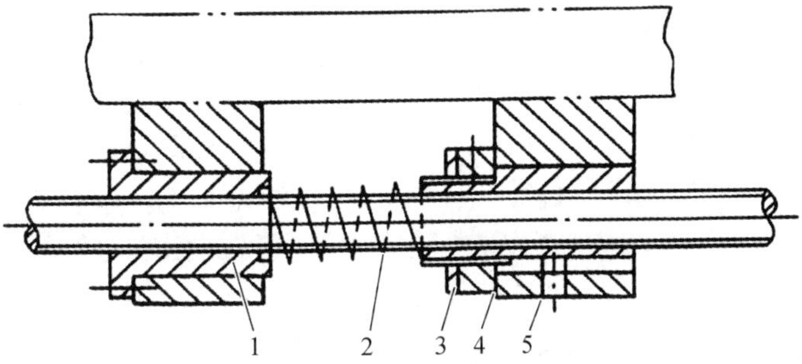

1，4—调整螺母；2—弹簧；3—垫圈；5—螺母。

图 3-3-6　弹簧消隙机构

图 3-3-7 为垫片消隙机构，通过改变垫片厚度来消除轴向间隙。丝杠螺母磨损后，通过修磨垫片 2 来消除轴向间隙。

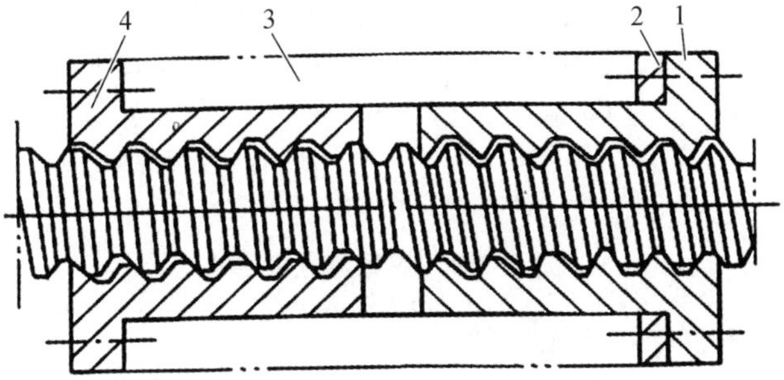

1，4—螺母；2—垫片；3—工作台。

图 3-3-7　垫片消隙机构

3. 丝杠与螺母轴线的同轴度及丝杠轴线与基准面的平行度的调整

为了能准确而顺利地将旋转运动转换为直线运动，丝杠和螺母必须同轴，丝杠轴心线必须和基准面平行。安装丝杠螺母时应按以下步骤进行：

（1）先正确安装丝杠两轴承支座，用专用检验心棒和百分表校正，使两轴承孔轴心线在同一直线上，且与螺母移动时的基准导轨平行，如图 3-3-8 所示。校正时根据误差情况来修刮轴承座结合面，并调整前、后轴承的水平位置，使其达到安装要求。心轴上母线 a 找正垂直平面，侧母线 b 找正水平平面。

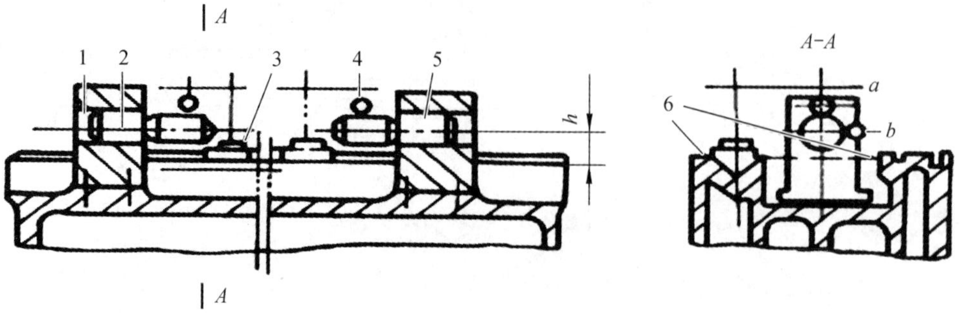

1，5—前后轴承座；2—检验心棒；3—磁力表座滑板；4—百分表；
6—螺母移动基准导轨；a—上母线；b—侧母线。

图 3-3-8 轴承支座安装

（2）轴承支座安装完毕后，再以平行于基准导轨面的丝杆两轴承孔的中心连线作为基准，找正螺母与丝杠轴承孔的同轴度，进行螺母丝杠的安装如图 3-3-9 所示。校正时将检验棒 4 装在螺母座 6 的孔中，移动工作台 2，如检验棒 4 能顺利放入前、后轴承座孔中，即为符合要求；否则，应按照 h 尺寸修磨垫片 3 的厚度。

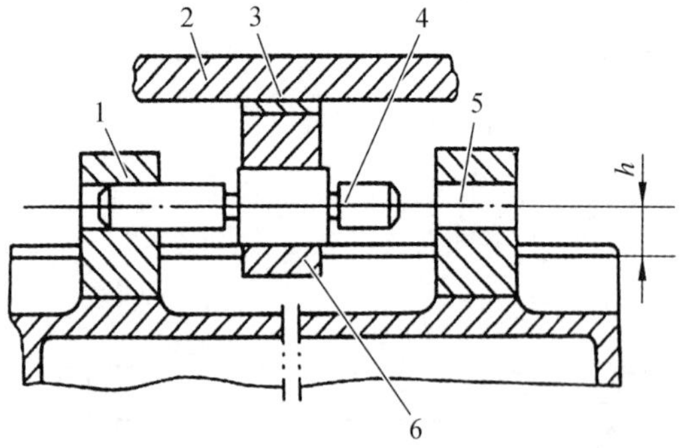

1—轴承座；2—移动工作台；3—修磨垫片 3；4—检验棒；
5—轴承孔中心线；6—螺母座。

图 3-3-9 螺母丝杠安装

4. 丝杠螺母机构转动灵活性的调整

装配前，应清除丝杠、螺母各连接面、配合面上的毛刺和污物，对丝杠、螺母要认真清洗，涂润滑油后再装配。装配时应缓慢转动丝杠（或螺母），以防咬死。丝杠在螺母内的转动应松紧一致，不应出现过紧或阻滞现象。

5. 丝杠的回转精度的调整

丝杠的径向圆跳动和轴向圆跳动的大小称为丝杠的回转精度。装配时，通过正确安装丝杠两端的轴承支座来保证。

评价反馈

操作完毕，按照表 3-3-3、表 3-3-4 进行评分。

表 3-3-3 评分表

班级：______________ 姓名：______________ 学习任务名称：______________

目标	评价项目	每项分值	自我评价	教师评价
能力	1. 工具的使用	10		
	2. 量具的使用	10		
	3. 丝杠、螺母的装配	10		
	4. 装配顺序	10		
	5. 各零件的装配位置及方向	10		
	6. 调整工作	10		
	7. 部件空运转	10		
素养	8. 工作着装是否符合规定	10		
	9. 是否参与现场的清洁和整理工作	10		
	10. 工作业完成情况	10		
总评	合计总分	100		

表 3-3-4 组评表

评价指标	评价情况	
与其他同学口头交流学习内容是否顺畅	是：	否：
是否能接受小组成员的意见	是：	否：
是否服从教师的教学安排	是：	否：
着装是否符合标准	是：	否：
能否正确地领会他人提出的学习问题	是：	否：
能否按照安全和规范的规程操作	是：	否：
能否辨别工作环境中哪些是危险的因素	是：	否：
能否合理规范地使用工具和仪器	是：	否：
能否保持学习工作环境的干净整洁	是：	否：
能否遵守学习场所的规章制度	是：	否：
是否有工作岗位的责任心	是：	否：
是否全勤	是：	否：
是否能正确对待自己的错误	是：	否：
是否能保持团队合作	是：	否：

任务 4　蜗杆传动机构的装配

学习目标

（1）了解蜗杆传动机构的特点。
（2）了解蜗杆传动机构的装配技术要求。
（3）熟练进行蜗杆传动机构的装配。
（4）熟练进行蜗杆传动机构的调试与精度检验。
（6）能根据 7S 现场管理规范，清理场地，归置物品。

建议学时：12 学时。

任务描述

完成如图 3-4-1 减速箱中蜗杆传动机构的装配工作。

图 3-4-1　蜗杆减速箱

任务分析

蜗杆传动机构的应用非常广泛，如在机械、冶金、建筑、化工等行业中的减速传动等。装配步骤为：装配前准备→确定装配顺序→清理清洗零件→检验箱体→蜗轮装配→蜗杆装配→啮合精度检测。

相关知识

一、蜗杆传动基础知识

蜗杆传动机构用来传递互相垂直的两轴之间的运动和动力。

1. 蜗杆传动特点

蜗杆传动具有传动比大、结构紧凑、自锁性好、传动平稳、噪声小等特点，但它的传动效率低，工作时发热量大，需要有良好的润滑条件。且使用抗胶合能力强的贵重金属材料，故适用于减速、起重等不连续工作的机构中。

2. 蜗杆传动装配技术要求

（1）蜗杆轴线应与蜗轮轴线互相垂直。

（2）蜗杆轴线应在蜗轮轮齿的中间对称平面内。

（3）蜗杆蜗轮间的中心距要准确。

（4）有适当的齿侧间隙。

（5）有正常的接触斑点。

二、蜗杆传动机构箱体装配的检验

主要是对蜗杆、蜗轮轴座孔的相互垂直度及中心距的检验。

1. 箱体孔中心距的检验

如图 3-4-2 所示，先将箱体用 3 只千斤顶支撑在平板上。检测时将检验心轴 1 和 2 分别放置在箱体蜗轮和蜗杆轴孔之中，调整千斤顶，使得心轴与平板处于水平位置后，再分别测量出两心轴到平板之间的距离，通过计算得出中心距 A 的尺寸：

$$A=\left(H_1-\frac{d_1}{2}\right)-\left(H_2-\frac{d_2}{2}\right)$$

式中　H_1——平板到心轴 1 的距离。

H_2——平板到心轴 2 的距离。

d_1、d_2——心轴 1 和 2 的直径尺寸。

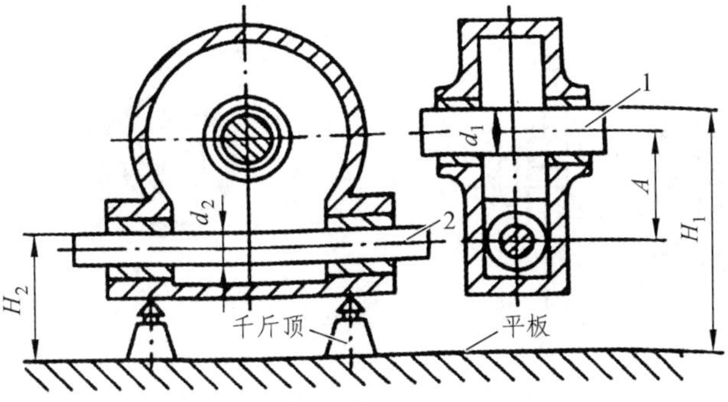

1，2—检验中心轴。

图 3-4-2　箱体孔中心距的检验

2. 箱体孔轴线间垂直度的检验

如图 3-4-3 所示，检验时，先将蜗轮、蜗杆检验心轴分别放入箱体安装孔内。在蜗轮孔心轴上面的一端安装带百分表的支架，百分表测头抵在蜗杆孔心轴上。旋转蜗轮孔心轴，百分表在蜗轮孔心轴上 L 长度范围内的读数差值，就是两轴线在 L 长度范围内的垂直度误差值。

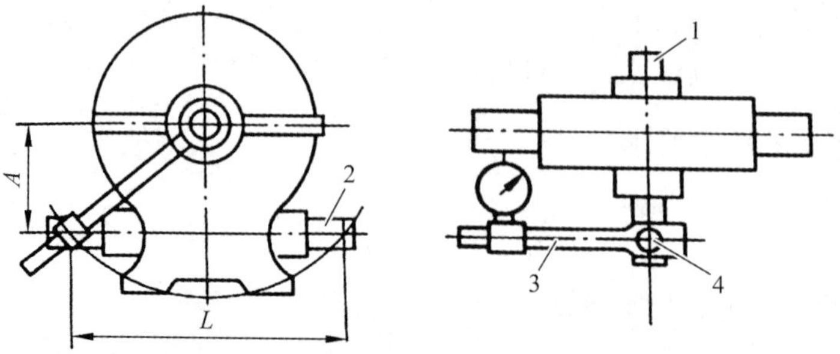

1—蜗轮孔心轴；2—蜗杆孔心轴；3—支架；4—螺钉。

图 3-4-3 垂直度的检验

三、蜗杆传动机构的装配

蜗杆、蜗轮装配的先后顺序由传动机构的结构形式而定。在一般情况下，先装配蜗轮。

（1）组合式蜗轮应先将蜗轮齿圈压装在轮毂上，方法与过盈配合装配相同，并用螺钉固定。

（2）将蜗轮装在轴上，其安装及检验方法与圆柱齿轮相同。

（3）将蜗轮轴装入箱体，然后再装入蜗杆。因蜗杆轴的位置已由箱体孔决定，要使蜗杆轴线位于蜗轮轮齿的对称中心平面内，只能通过改变调整垫片厚度的方法，调整蜗轮的轴向位置。

四、蜗杆传动机构装配质量的检验

（1）啮合侧隙的测量。对于一般蜗杆传动，可以用手转动蜗杆，根据空程量的大小判断侧隙的大小。要求较高的可用百分表进行测量，如图 3-4-4 所示。

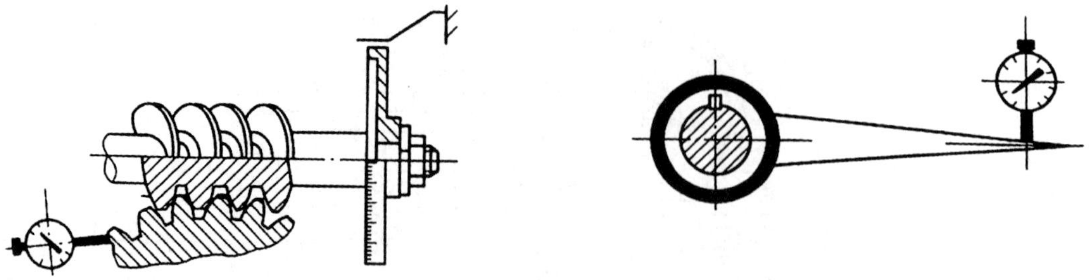

（a）直接测量法　　（b）用测量杆测量

图 3-4-4 啮合侧隙的测量

（2）蜗轮接触斑点的检验。将红丹粉涂在蜗杆螺旋面上，给蜗轮以轻微阻尼，转动蜗杆，根据蜗轮轮齿上的接触斑点情况判断啮合质量。接触斑点的正确位置应在啮合面中部略偏于蜗杆旋出方向，如图 3-4-5（a）所示。图 3-4-5（b）、（c）所示为不正确的接触斑点情况，可对蜗轮进行轴向位置的调整。

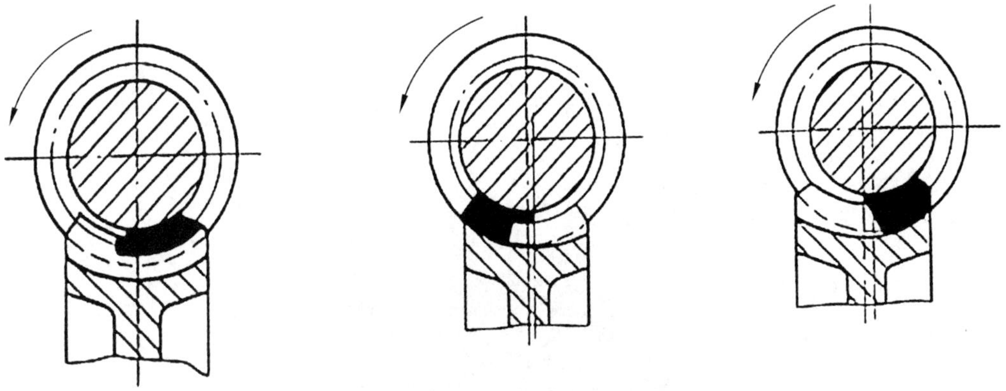

（a）正确　　（b）蜗轮偏右　　（c）蜗轮偏左

图 3-4-5　蜗轮接触斑点的检验

任务实施

一、准备工作

（1）做好防护措施，穿好工作服，戴好工作帽，下达任务，分组协作（见表 3-4-1）。

表 3-4-1　小组分配表

（小组称号）		
小组成员	姓名	主要职责
组长		
安全员		
工具员		
材料员		
组员		

（2）各小组接受任务，进行装配前分析讨论图纸和零件清单、装配任务、确定装配工艺，制订计划。领取工、装、夹具，列出所需的工量具清单（见表 3-4-2），并到仓库领取。

表 3-4-2　工量具清单

序号	名称	规格	数量
1			
2			
3			
4			
5			
6			

二、操作步骤

蜗轮减速箱的结构主要由箱体、蜗轮轴，蜗轮，蜗杆轴、轴套、键、深沟球轴承、前端盖、后端盖等组成，如图 3-4-6 所示。

图 3-4-6　蜗轮减速箱

1. 蜗杆轴的装配

用冲击套筒把深沟球轴承压装到蜗杆轴右端，蜗杆轴的另一端从变速箱箱体的相应内孔中穿过，注意方向不能装反，然后把另一只深沟球轴承装在箱体轴承孔中，先安装蜗杆伸出端的轴承端盖，端盖与箱体之间通过测量增加青稞纸，蜗杆轴右端装入箱体后调整蜗杆轴向间隙符合要求后装上轴承闷盖并直接增加 0.3 mm 厚的青稞纸，如图 3-4-7 所示。

图 3-4-7　蜗杆轴的装配

2. 蜗轮轴的安装

将蜗轮装在蜗轮轴上，接着装上轴套（见图 3-4-8），两端装上深沟球轴承装入箱体轴承孔中注意：

（1）蜗杆轴线应与蜗轮轴线垂直。

（2）蜗杆轴线应在蜗轮轮齿的对称中心平面内，调整好位置。

图 3-4-8　蜗轮轴的安装

3. 蜗杆传动机构啮合质量的检测

（1）蜗轮的轴向位置及接触斑点的检验。

（2）齿侧间隙的检验。

装配后的蜗杆传动机构，还要检查它的转动灵活性。蜗轮在任何位置上，用手旋转蜗杆所需的扭矩均应相同，转动灵活，没有咬住现象。

4. 箱盖的安装（见图 3-4-9）

合上箱盖且紧固螺母后再安装前后端盖，注意应在箱盖前后端盖上都要垫上青稞纸防漏油。

图 3-4-9　箱盖的安装

评价反馈

操作完毕，按表 3-4-3、表 3-4-4 进行评分。

表 3-4-3　评分表

班级：＿＿＿＿＿＿＿＿　姓名：＿＿＿＿＿＿＿＿　学习任务名称：＿＿＿＿＿＿＿＿

目标	评价项目	每项分值	自我评价	教师评价
能力	1. 工具的使用	10		
	2. 量具的使用	10		
	3. 蜗轮转动灵活性	10		
	4. 接触位置	10		
	5. 接触面积	10		
	6. 齿侧间隙	10		
	7. 部件空运转	10		
素养	8. 工作着装是否符合规定	10		
	9. 是否参与现场的清洁和整理工作	10		
	10. 工作业完成情况	10		
总评	合计总分	100		

表 3-4-4　组评表

评价指标	评价情况	
与其他同学口头交流学习内容是否顺畅	是：	否：
是否能接受小组成员的意见	是：	否：
是否服从教师的教学安排	是：	否：
着装是否符合标准	是：	否：
能否正确地领会他人提出的学习问题	是：	否：
能否按照安全和规范的规程操作	是：	否：
能否辨别工作环境中哪些是危险的因素	是：	否：
能否合理规范地使用工具和仪器	是：	否：
能否保持学习工作环境的干净整洁	是：	否：
能否遵守学习场所的规章制度	是：	否：
是否有工作岗位的责任心	是：	否：
是否全勤	是：	否：
是否能正确对待自己的错误	是：	否：
是否能保持团队合作	是：	否：

任务5　联轴器的装配

学习目标

（1）了解联轴器传动机构的特点。

（2）了解联轴器传动机构的装配技术要求。

（3）熟练进行联轴器传动机构的装配。

（4）能根据7S现场管理规范，清理场地，归置物品。

建议学时： 12学时。

任务描述

完成图3-5-1所示的凸缘式联轴器的装配工作，并达到技术要求。

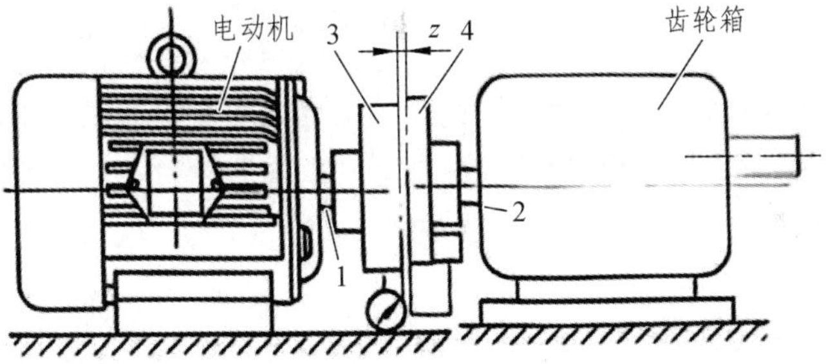

1—电动机轴；2—齿轮轴；3、4—凸像盘。

图3-5-1　凸缘式联轴器的装配

任务分析

联轴器将两轴牢固地联系在一起，在机器的运转过程中，两轴不能分开，只有在机器停止后并经过拆卸才能把两轴分开。联轴器所连接的两轴，由于制造及安装误差，承载后的变形以及温度变化的影响等，往往不能保证严格的对中，而是存在着某种程度的相对位移。联轴器装配的关键要掌握联轴器在轴上的装配要求、联轴器所连接两轴的对中、零部件的检查及按图样要求装配联轴器等内容。

相关知识

联轴器是用来连接不同机构中的两根轴（主动轴和从动轴）使之共同旋转以传递转矩的

机械零件。在高速重载的动力传动中，有些联轴器还有缓冲、减振和提高轴系动态性能的作用。联轴器由两半部分组成，分别与主动轴和从动轴连接。一般动力机大都借助于联轴器与工作机相连接。

一、联轴器种类

联轴器种类如图 3-5-2 所示。

- 联轴器
  - 刚性联轴器
    - 凸缘联轴器
    - 径向键凸缘联轴器
    - 套筒联轴器
    - 夹壳联轴器
  - 挠性联轴器
    - 无弹性元件联轴器
      - 万向联轴器、齿式联轴器、链条联轴器
      - 滑块联轴器、球面滚子联轴器、滚珠联轴器
    - 弹性联轴器
      - 金属弹性元件弹性联轴器
      - 非金属弹性元件弹性联轴器
  - 安全联轴器
    - 棒销剪切式安全联轴器
    - 中间管剪切式安全联轴器
    - 液压安全联轴器

图 3-5-2　联轴器种类

在联轴器中，不能补偿两轴相对位移的联轴器称为刚性联轴器；能补偿两轴相对位移的联轴器称为挠性联轴器；具有过载安全保护功能的联轴器称为安全联轴器，常用的有凸缘式联轴器和十字滑块联轴器。

二、凸缘联轴器

固定式联轴器中应用最广的是凸缘联轴器，它是把两个带有凸缘的半联轴器用键分别与两根轴连接，然后用螺栓把两个半联轴器连接成一体，以传递运动，如图 3-5-3 所示。

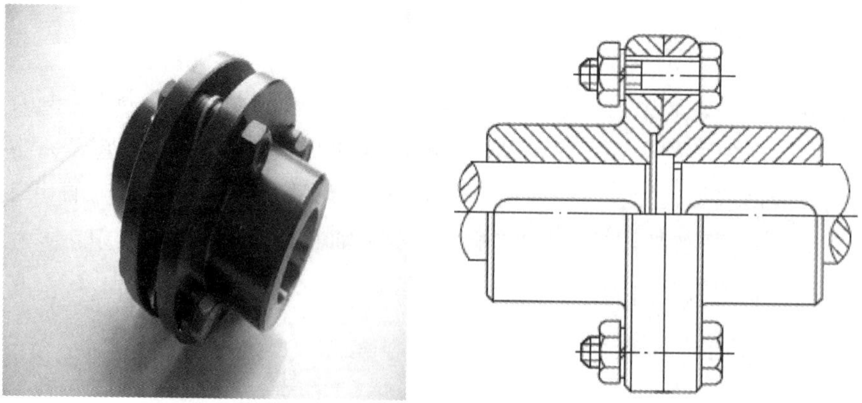

图 3-5-3　凸缘式联轴器

三、凸缘联轴器装配技术要求

（1）装配中应严格保证两轴的同轴度，否则两轴不能正常工作，严重时会使联轴器或轴变形和损坏。

（2）保证各连接件（螺母、螺栓、键、圆锥销等）连接可靠，受力均匀，不允许有自动松脱现象。

任务实施

一、准备工作

（1）做好防护措施，穿好工作服，戴好工作帽，下达任务，分组协作（见表 3-5-1）

表 3-5-1　小组分配表

（小组称号）		
小组成员	姓名	主要职责
组长		
安全员		
工具员		
材料员		
组员		

（2）各小组接受任务，进行装配前分析讨论图纸和零件清单、装配任务、确定装配工艺，制订计划。领取工、装、夹具，列出所需的工量具清单（见表 3-5-2），并到仓库领取。

表 3-5-2　工量具清单

序号	名称	规格	数量
1			
2			
3			
4			
5			
6			

二、操作步骤

1. 联轴器的找正

主要测量同轴度（径向位移或径向间隙）和平行度（角位移或轴向间隙）。

（1）利用直角尺测量联轴器的同轴度（径向位移），利用平面规和楔形间隙规来测量联轴器的平行度（角位移），这种方法简单，应用比较广泛，但精度不高，一般用于低速或中速等要求不太高的运行设备上，如图 3-5-4 用直尺测量联轴器的径向位移，图 3-5-5 用平面规和各楔形间隙规测量联轴器的角位移

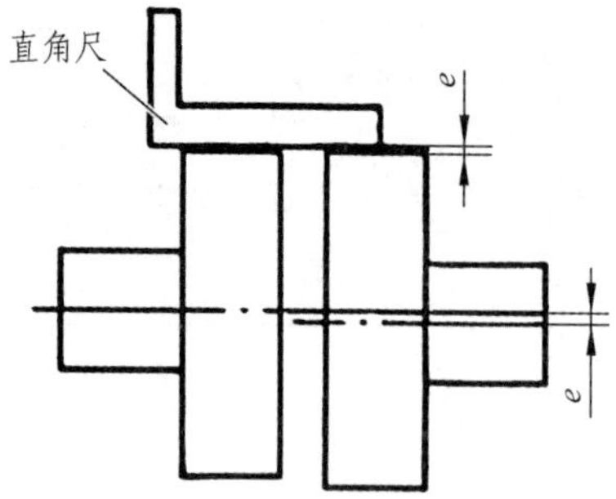

图 3-5-4　直尺测量联轴器的径向位移

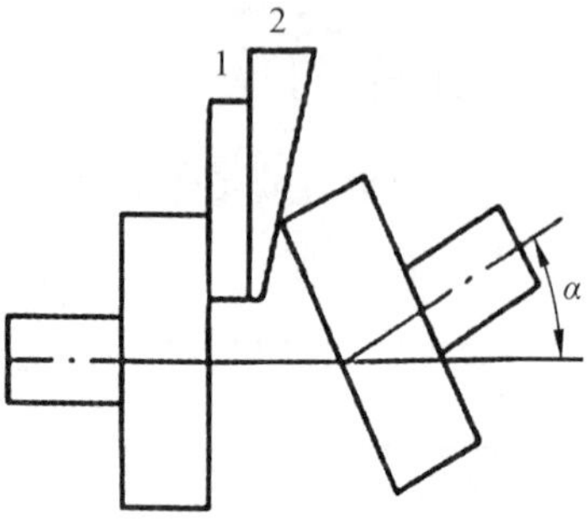

图 3-5-5　平面规、楔形间隙规测量联轴器的角位移

（2）直接用百分表、塞尺、中心卡测量联轴器的同轴度和平行度。通常是在垂直方向加减主动机（电动机）支脚下面的垫片或在水平方向移动主动机位置来调整。

（3）利用对中仪来找正调整。

2. 联轴器在轴上的装配方法

联轴器在轴上的装配是联轴器安装的关键之一。联轴器与轴的配合大多为过盈配合，联接分为有键联接和无键联接，联轴器的轴孔又分为圆柱形轴孔与锥形轴孔两种。装配方法有静力压入法、动力压入法、温差装配法及液压装配法等。

（1）静力压入法。这种方法是根据装配时所需压入力的大小不同，采用夹钳、千斤顶、手动或机动的压力机进行，静力压入法一般用于锥形轴孔。这种方法一般应用不多。

（2）动力压入法。这种方法是指采用冲击工具或机械来完成装配过程，一般用于联轴器与轴之间的配合是过渡配合或过盈不大的场合。这种方法对用铸铁、淬火的钢、铸造合金等脆性材料制造的联轴器有局部损伤的危险，不宜采用。这种方法同样会损伤配合表面，故经常用于低速和小型联轴器的装配。

（3）温差装配法。用加热的方法使联轴器受热膨胀或用冷却的方法使轴端受冷收缩，从而能方便地把联轴器装到轴上。这种方法与静力压入法、动力压入法相比有较多的优点，对于用脆性材料制造的轮毂，采用温差装配法是十分合适的。

3. 联轴器的安装

安装联轴器前先把零部件清洗干净，清洗后的零部件，需把沾在上面的油擦干。在短时间内准备运行的联轴器，擦干后可在零部件表面涂些透平油或全损耗系统用油，防止生锈。对于需要较长时间投入运行的联轴器，应涂以防锈油保养。

4. 联轴器的装配步骤

（1）如图 3-5-6（b）所示，装配时先在轴 1、2 上装好平键和凸缘盘 3、4，并固定齿轮箱。

（2）将百分表固定在凸缘盘 4 上，使百分表测量头顶在凸缘盘 3 的外圆上，同步转动两轴，根据百分表的读数来保证两凸缘盘的同轴度要求。

（3）移动电动机，调整凸缘盘 3 的凸台端面间隙。

（4）转动齿轮轴 2，测量两凸缘盘端面的间隙 z。如果间隙均匀，则移动电动机使两凸缘盘端面靠近，固定电动机，最后用螺栓紧固两凸缘盘。

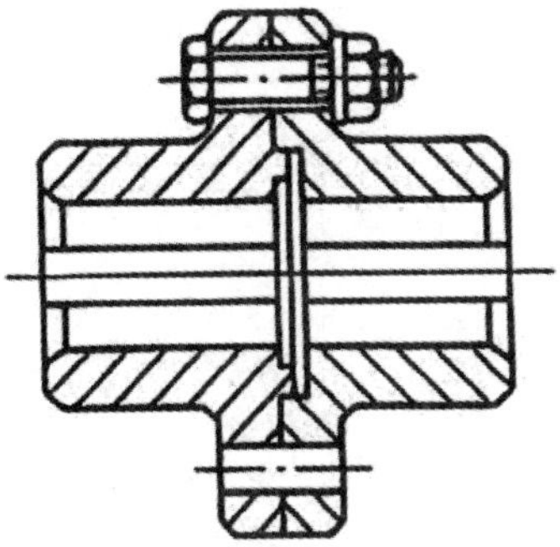

（a）凸缘式联轴器结构

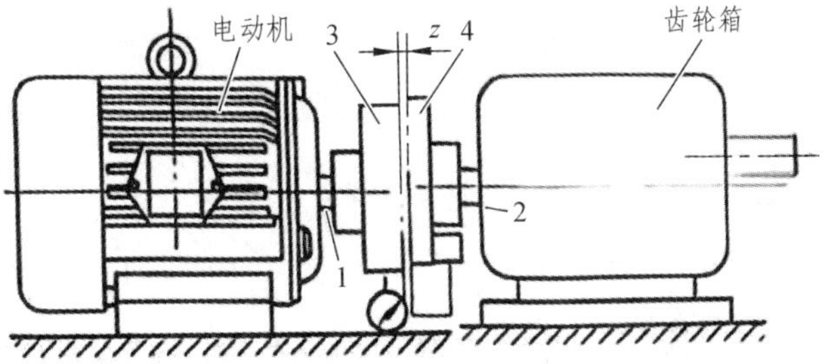

（b）凸缘式联轴器的使用情况

1—电动机轴；2—齿轮轴；3、4—凸缘盘。

图 3-5-6　联轴器在轴上的安装

评价反馈

操作完毕，按表 3-5-3、表 3-5-4 进行评分。

表 3-5-3　评分表

班级：________　姓名：________　学习任务名称：________

目标	评价项目	每项分值	自我评价	教师评价
能力	1. 工量具的使用	10		
	2. 平键和凸缘盘安装	10		
	3. 凸缘盘的找正方法	10		
	4. 凸缘盘同轴度	10		
	5. 移动电动机与凸缘盘的间隙	10		
	6. 转动齿轮与凸缘盘的间隙	10		
	7. 螺栓的正确紧固	10		
素养	8. 工作着装是否符合规定	10		
	9. 是否参与现场的清洁和整理工作	10		
	10. 工作业完成情况	10		
总评	合计总分	100		

表 3-5-4　组评表

评价指标	评价情况	
与其他同学口头交流学习内容是否顺畅	是：	否：
是否能接受小组成员的意见	是：	否：
是否服从教师的教学安排	是：	否：
着装是否符合标准	是：	否：
能否正确地领会他人提出的学习问题	是：	否：
能否按照安全和规范的规程操作	是：	否：
能否辨别工作环境中哪些是危险的因素	是：	否：
能否合理规范地使用工具和仪器	是：	否：
能否保持学习工作环境的干净整洁	是：	否：
能否遵守学习场所的规章制度	是：	否：
是否有工作岗位的责任心	是：	否：
是否全勤	是：	否：
是否能正确对待自己的错误	是：	否：
是否能保持团队合作	是：	否：

项目 4　C6140 型车床典型部件的装配与维修

任务 1　C6140 车床双向多片式摩擦离合器的装配与维修

学习目标

（1）能识读装配图。

（2）能说明 CA6140 车床主轴箱多片式摩擦离合器轴的作用、原理。

（3）会正确判断 CA6140 车床多片式摩擦离合器轴间隙故障原因。

（4）能正确、规范对 CA6140 车床多片式摩擦离合器间隙故障进行调整。

建议学时： 24 学时。

任务描述

我校实训室有 4 台车床发生故障，4 台故障车床都是主轴箱内一轴多片式摩擦离合器故障。故障现象：车床正常车削，主轴会突然停车。这 4 台车床故障排除任务，某机电班同学分组进行攻关并修复。同学们严格遵守相关操作规程、安全文明生产，工作现场执行 7S 管理规范。

任务分析

本任务主要针对 CA6140 车床主轴箱内部件 CA6140 车床多片式双向摩擦离合器轴进行装配与调整，使同学们对 CA6140 车床主轴箱有一定的了解，对 CA6140 车床多片式双向摩擦离合器轴有一个比较深的全面的理解，能说明 CA6140 车床主轴箱多片式摩擦离合器轴的作用、原理，会正确判断 CA6140 车床多片式摩擦离合器轴间隙故障原因。能正确、规范对 CA6140 车床多片式摩擦离合器间隙故障进行调整。

相关知识

一、主轴箱

主轴箱是用于安装主轴，实现主轴旋转及变速的部件。图 4-1-1 为 CA6140 型卧式车床主轴箱展开图，它是将传动轴沿轴心线剖开，按照传动的先后顺序将其展开而形成的。

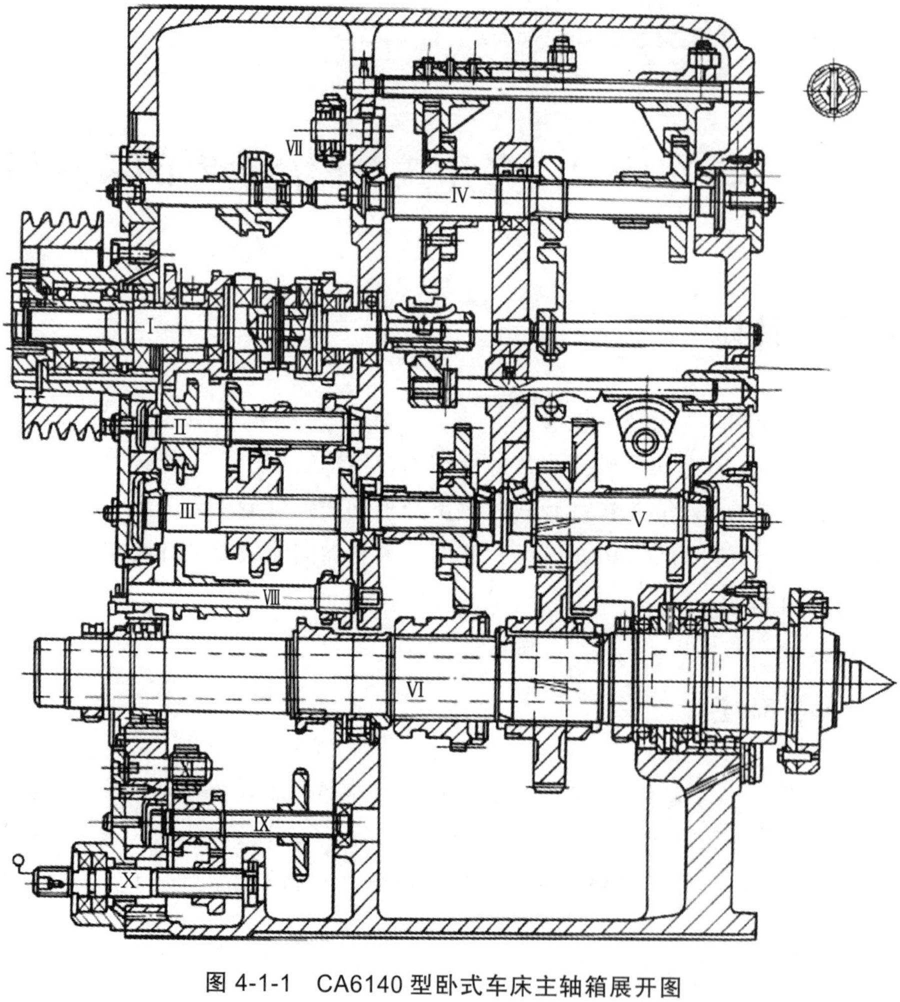

图 4-1-1　CA6140 型卧式车床主轴箱展开图

在展开图中，通常主要表示各传动件（轴、齿轮、蜗杆等）的传动关系、各传动轴及主轴结构、装配关系和尺寸、轴与箱体的连接、轴承支座结构等。

图 4-1-2 为 CA6140 型卧式车床主轴箱局部立体图。

主轴箱是用于支承主轴和传动其旋转，并实现启动、停止、变速和换向等。因此，主轴箱中包含主轴及轴承，传动机构，启动、停止、换向装置，制动装置操作机构和润滑装置等。

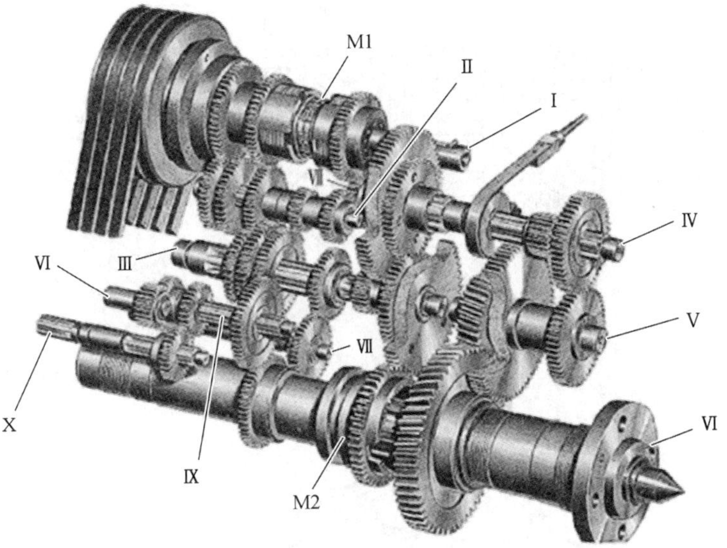

Ⅰ—轴Ⅰ；Ⅱ—轴Ⅱ；Ⅲ—轴Ⅲ；Ⅳ—轴Ⅳ；Ⅴ—轴Ⅴ；Ⅵ—轴Ⅵ；Ⅶ—轴Ⅶ；Ⅷ—轴Ⅷ；
Ⅸ—轴Ⅸ；Ⅹ—轴Ⅹ；M1—双向多片式摩擦离合器；M2—齿形离合器。

图 4-1-2　CA6140 型卧式车床主轴箱局部立体图

二、双向多片式摩擦离合器

如图 4-1-3 所示是车床主轴箱内的双向多片式摩擦离合器，它的作用是实现主轴启动、停止、换向及过载保护作用。该离合器具有左、右两组摩擦片，每组用若干个内、外摩擦片相间排叠组成。利用摩擦片在相互压紧时接触面之间所产生的摩擦力传递运动和转矩。带花键孔的内摩擦片 3 与花键相连接；外摩擦片 2 的内孔是光滑圆柱孔，空套在花键外圆上，外摩擦片外圆上有 4 个凸齿，卡在空套齿轮 1 套筒部分的缺口内。内、外摩擦片在未被压紧时，它们互不联系。

当操纵装置将滑环 9 向右移动时，拨动杆 7（在轴 4 孔内）上的摆杆 8 绕支点摆动，其下端使拨动杆 7 向左移动。杆 7 左端有一固定销，使螺圈 6 及加压套 5 向左压紧左边的一组摩擦片（3 和 2），通过摩擦片间摩擦力，将转矩由花键轴 4 传给空套齿轮 1，使主轴正转。同理，当用操纵装置将滑环 9 向左移动时，压紧右边的一组摩擦片，将转矩由花键轴 4 传给右边的齿轮，这样可使主轴反转。当滑环在中间位置时，左右两组摩擦片都处于松开状态，花键轴 4 的运动不能传给齿轮，主轴即停止转动。

离合器内、外摩擦片松开状态时的间隙要适当。如间隙过大，在压紧时会互相打滑，不能传递足够的扭矩，易产生闷车现象，并易使摩擦片磨损；如间隙过小，易损坏操纵装置中的零件，停车时松不开，加剧磨损、发热。

其调整方法是：先把弹簧销 11 从加压套 5 的缺口中按下，然后转动加压套，使其相对螺圈 6 做小量的轴向位移，即可改变摩擦片的间隙。调整后应使弹簧销从加压套的任一个缺口中弹出，以防加压套在旋转中松脱。多片式摩擦离合器的调整如图 4-1-4 所示。

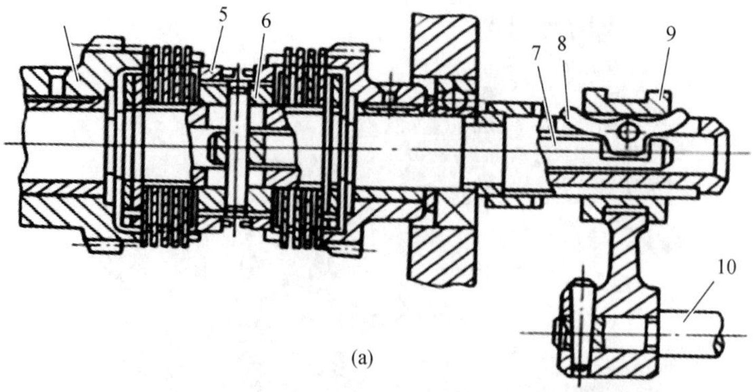

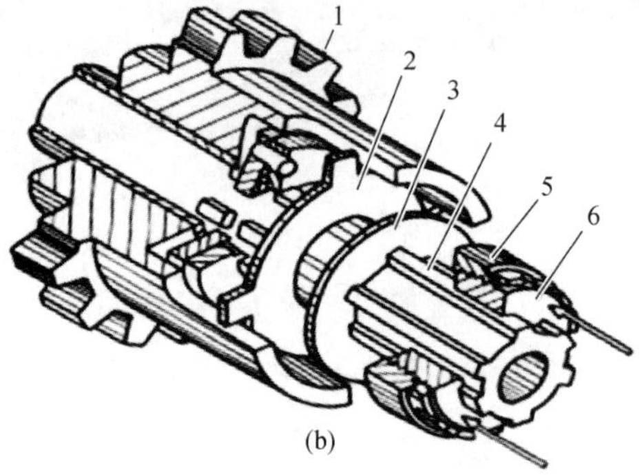

1—空套齿轮；2—外摩擦片；3—内摩擦片；4—花键轴；5—加压套；
6—螺圈；7—拨动杆；8—摆杆；9—滑环；10—轴。

图 4-1-3　多片式摩擦离合器的结构

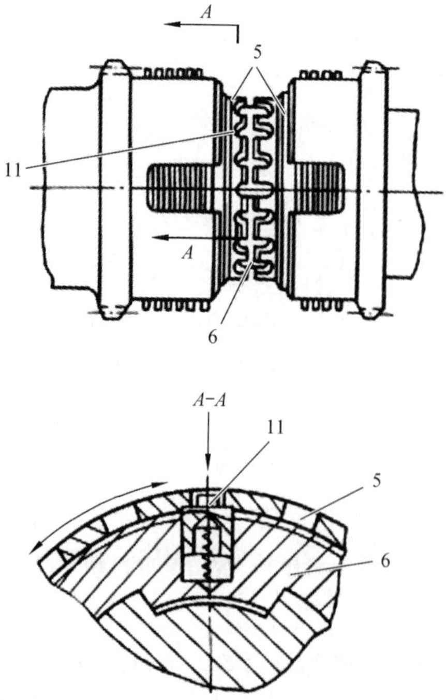

5—加压套；6—螺圈；11—弹簧销。

图 4-1-4　多片式摩擦离合器的调整

图 4-1-5 为摩擦离合器、制动器的操纵装置，摩擦离合器的压紧和松开由操纵装置操纵。向上提起手柄 6 时，通过杠杆 5、连杆 4、杠杆 3 使轴 2 和扇形齿顺时针转动，传动齿条轴 13 右移，便可压紧左边的一组摩擦片，使主轴正转。向下扳动手柄 6 时，右边的一组摩擦片被压紧，主轴反转。当手柄在中间位置时，左、右两组摩擦片都松开，主轴停止转动。

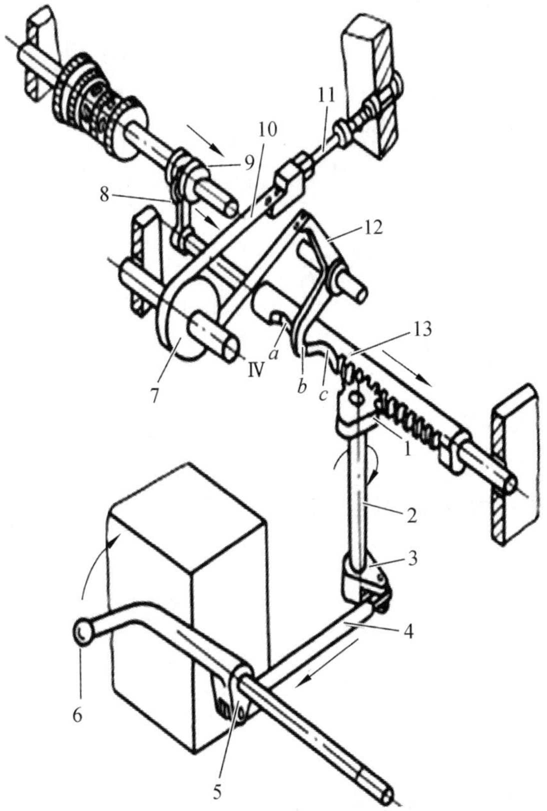

1—扇形齿轮；2—轴；3、5、12—杠杆；4—连杆 6—手柄；7—制动轮；8—拨叉；9—滑环
10—制动带；11—螺杆；13—齿条轴；*a*—正转位置；*b*—停止位置；*c*—反转位置。

图 4-1-5 摩擦离合器、制动器的操纵装置

该机床的双向多片式摩擦离合器轴是机床的关键部件，车床的正转、反转、停止都由它来控制。它采用多片式摩擦离合器的结构，在机床旋转的情况下可操纵正，反转和停止。为保证主轴的正常工作，应将摩擦离合器调整适当，过松机床不能正常工作，过紧操纵费力，并将失去保护作用。

三、安全文明生产知识

机修钳工安全操作规程：

（1）上岗作业前必须佩戴好劳动保护用品，如工作服、安全帽、安全带等。

（2）工作前对所使用的工具及仪器仪表进行检查，完好可靠后方可使用。

（3）操作者必须阅读和理解本设备所有使用说明，掌握设备操作程序及各种注意事项。

（4）修理设备及仪器前，必须先切断电源、设备余压等危险源，并在明处挂上“有人作业，禁止开机”的警告牌后，方可作业。

（5）拆卸或待装的零部件，必须规范放在适当位置，在装卸大件零件时必须有指挥人员或监护人员监护，以防伤人。

（6）使用起重工具时，必须检查天车限位、钢丝绳、吊具等是否符合安全要求，不许用三角带、电线、麻绳等代替钢丝绳。

（7）在作业过程中，对故障原因不清楚或没把握的，不准作业。

（8）在作业过程中必须挂警示标志并两人以上作业，严禁单独一人上岗作业。

（9）在使用喷灯作业时，附近严禁有易燃、易爆危险品。

（10）在高处作业时，地面要设有“禁止通行”标志或指挥人员，高处存放的工具或零件要安全可靠，防止坠落。

（11）严禁在雨天或活动梯子上使用电动工具，六级以上大风严禁室外高处作业。

（12）检修完毕或试车时，要相互关照，密切配合，确认设备符合要求并在行程内无人或无杂物后方可起动开车，确认正常后试车，经相关部门检查合格后方可，并填写检修或维修记录。

（13）如需打开地沟盖板等地面防护盖板时，地面必须设立安全防护栏，防止其他人员坠落。

（14）工作完毕后，要认真清理好作业现场，对维修后的废弃零件、油污或杂物要及时清理回收后，方可离开作业现场。

任务实施

一、准备工作

（1）做好防护措施，穿好工作服，戴好工作帽，下达任务，分组协作（见表 4-1-1）。

表 4-1-1　小组分配表

（小组称号）		
小组成员	姓名	主要职责
组长		
安全员		
工具员		
材料员		
组员		

（2）各小组接受任务，进行装配前分析讨论，制订计划。领取工、装、夹具（见图 4-1-6），列出所需的工量具清单（4-1-2），并到仓库领取

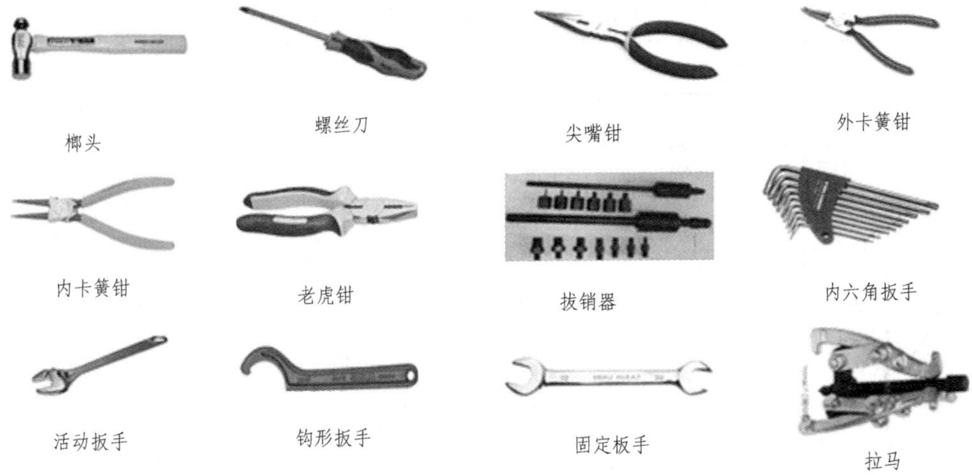

图 4-1-6　工、装、夹具

表 4-1-2　工量具清单

序号	名称	规格	数量
1			
2			
3			
4			
5			
6			
7			
8			

二、操作步骤

根据装配系统图（见图 4-1-7）完成 CA6140 车床双向多片式摩擦离合器的装配并填写 CA6140 车床双向多片式摩擦离合器轴零件的名称及作用，如表 4-1-3 所示。

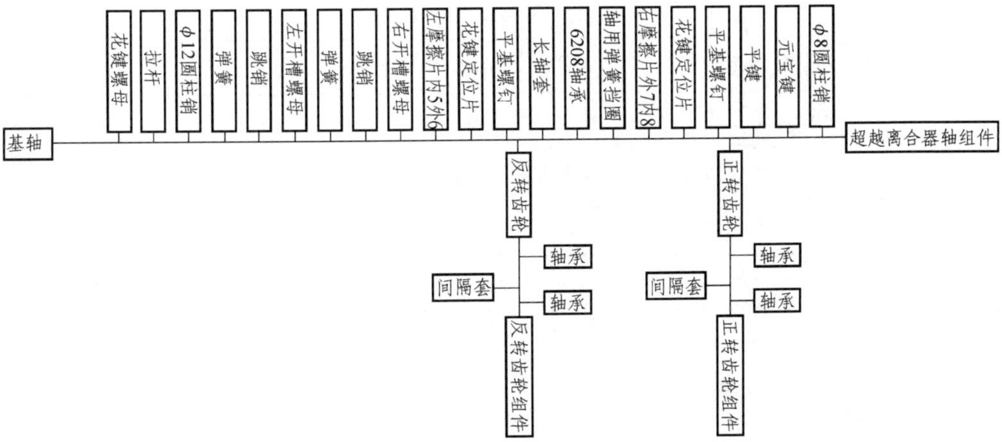

图 4-1-7　装配系统图

表 4-1-3　CA6140 车床双向多片式摩擦离合器轴零件的名称及作用

序号	名称	件数	作用

评价反馈

操作完毕，按表 4-1-4、表 4-1-5 进行评分。

表 4-1-4　评分表

班级：________________　姓名：________________　学习任务名称：________________

目标	评价项目	每项分值	自我评价	教师评价
能力	1. 能否识别装配图中的零部件	15		
	2. 能否正确画出双向多片式摩擦离合器轴装配工艺系统图	15		
	3. 能否正确调整双向多片式摩擦离合器轴的间隙	10		
	4. 能否注意拆装双向多片式摩擦离合器轴注意事项	10		
	5. 是否按工艺进行拆装	5		
	6. 双向多片式摩擦离合器轴精度是否达到要求	25		
素养	7. 工作着装是否符合规定	5		
	8. 是否参与现场的清洁和整理工作	5		
	9. 本次任务中，是否主动协作	5		
	10. 工作业完成情况	5		
总评	合计总分	100		

表 4-1-5　组评表

评价指标	评价情况	
与其他同学口头交流学习内容是否顺畅	是：	否：
是否能接受小组成员的意见	是：	否：
是否服从教师的教学安排	是：	否：
着装是否符合标准	是：	否：
能否正确地领会他人提出的学习问题	是：	否：
能否按照安全和规范的规程操作	是：	否：
能否辨别工作环境中哪些是危险的因素	是：	否：
能否合理规范地使用工具和仪器	是：	否：
能否保持学习工作环境的干净整洁	是：	否：
能否遵守学习场所的规章制度	是：	否：
是否有工作岗位的责任心	是：	否：
是否全勤	是：	否：
是否能正确对待自己的错误	是：	否：
是否能保持团队合作	是：	否：

任务 2　C6140 车床主轴的装配与维修

学习目标

（1）能识读装配图。

（2）能说明 CA6140 型卧式车床主轴轴组的结构。

（3）掌握车床主轴轴组装配与调整的要点及操作步骤。

（4）能正确、规范对 CA6140 车床主轴轴组的精度进行检测调整。

建议学时：24 学时。

任务描述

由于学校实训室 C6140 车床主轴在正常车削过程中异响，车削工件表面质量很差，实训处要求机修教研室某机电班承担 C6140 车床主轴调整检修任务，调整人员需根据实际情况了解 C6140 车床主轴的结构、原理特点及其要求，并制订工作流程，合理使用装配工具拆卸、装配、调整，并对已完成的工作进行记录、存档自觉保持安全作业并遵守“7S”的工作要求。

任务分析

车床主轴是一个空心的阶梯轴，其内孔可用来通过棒料、拆卸顶尖，安装夹紧装置的杠件。主轴前端的锥孔用以安装顶尖或心轴，主轴后端的锥孔是加工主轴时的工艺基面。主轴尾端的外圆柱面可作为安装各种辅具的基面，如图 4-2-1 所示。

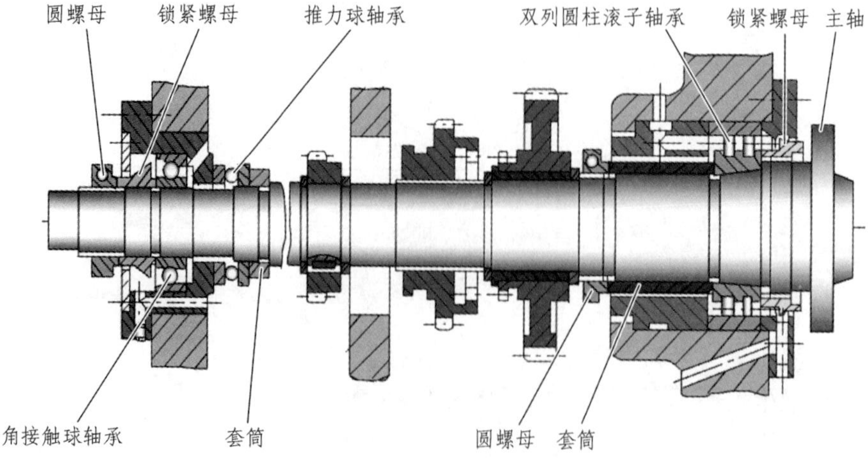

图 4-2-1　CA6140 型车床主轴部件

本任务主要针对 CA6140 车床主轴箱内主轴进行装配与调整，使同学们对 CA6140 车床主轴轴承及轴组装配调整有一定的了解，对 CA6140 车床主轴有一个比较深的全面的理解，主轴部件是车床的关键部分，在工作时承受很大的切削抗力。工件的精度和表面粗糙度很大程度上取决于主轴部件的刚度和回转精度。

相关知识

轴是机械中重要的零件，它与轴上零件，如齿轮、带轮及两端轴承支座等的组合称为轴组。轴组的装配是将装配好的轴组组件，正确地安装在机器中，并保证其正常工作要求。轴组装配主要是将轴组装入箱体（或机架）中，进行轴承固定、游隙调整、轴承预紧、轴承密封和轴承润滑装置的装配等。

一、轴承的固定方式

轴正常工作时，不允许有径向跳动和轴向移动存在，但又要保证不致受热膨胀卡死，所以要求轴承有合理的固定方式。轴承的径向固定是靠外圈与外壳孔的配合来解决；轴承的轴向固定有两种基本方式。

1. 两端单向固定

如图 4-2-2 所示，在轴两端的支承点，用轴承盖单向固定，分别限制两个方向的轴向移动。为避免轴受热伸长而使轴承卡住，在右端轴承外圈与端盖间留有不大的间隙（0.5 ~ 1 mm），以便游动。

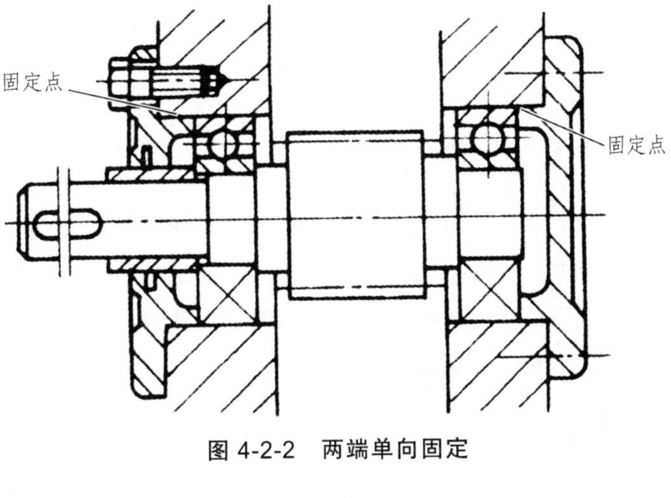

图 4-2-2 两端单向固定

2. 一端双向固定方式

如图 4-2-3 所示，将右端轴承双向轴向固定，左端轴承可随轴作轴向游动。这种固定方式工作时不会发生轴向窜动，受热时又能自由地向另一端伸长，轴不致被卡死。若游动端采用内、外圈可分的圆柱滚子轴承，此时，轴承内、外圈均需双向轴向固定。当轴受热伸长时，轴带着内圈相对外圈游动。如图 4-2-4 所示。

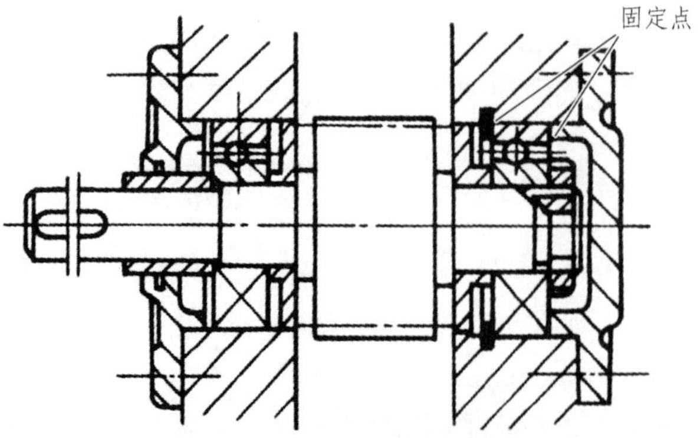

图 4-2-3　一端双向固定方式

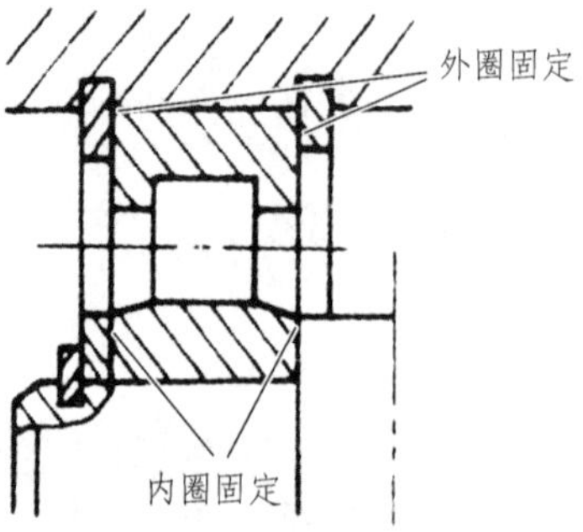

图 4-2-4　轴承内、外圈均双向轴向固定

如果游动端采用内、外圈不可分离型深沟球轴承或调心球轴承，此时，只需轴承内圈双向固定，外圈可在轴承座孔内游动，轴承外圈与座孔之间应取间隙配合。如图 4-2-5 所示。

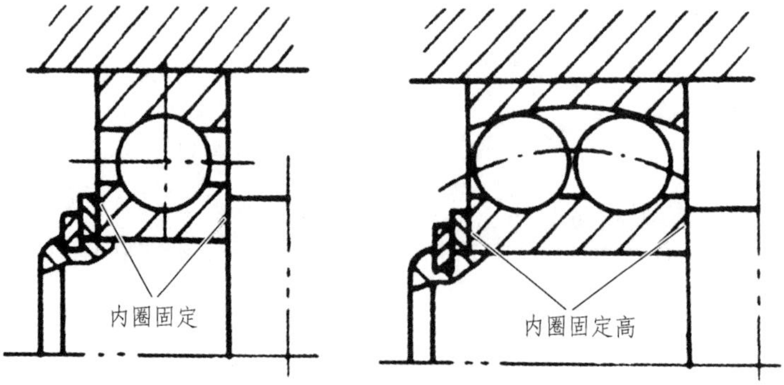

图 4-2-5　轴承仅内圈双向固定

二、滚动轴承的定向装配

对精度要求较高的主轴部件，为了提高主轴的回转精度，轴承内圈与主轴装配及轴承外圈与箱体孔装配时，常采用定向装配的方法。定向装配就是人为地控制各装配件径向跳动的方向，合理组合，采用误差相互抵消来提高装配精度的一种方法。装配前需对主轴轴端锥孔中心线偏差及轴承的内、外圈径向跳动进行测量，确定误差方向并做好标记。

1. 装配件误差的检测方法

（1）轴承外圈径向圆跳动检测如图 4-2-6 所示，测量时，转动外圈并沿百分表方向压迫外圈，百分表的最大读数则为外圈最大径向圆跳动。

（2）轴承内圈径向圆跳动检测如图 4-2-7 所示，测量时外圈固定不转，内圈端面上施以均匀的测量负荷 F，F 的数值根据轴承类型及直径变化，然后使内圈旋转一周以上，便可测得轴承内圈内孔表面的径向圆跳动量及其方向。

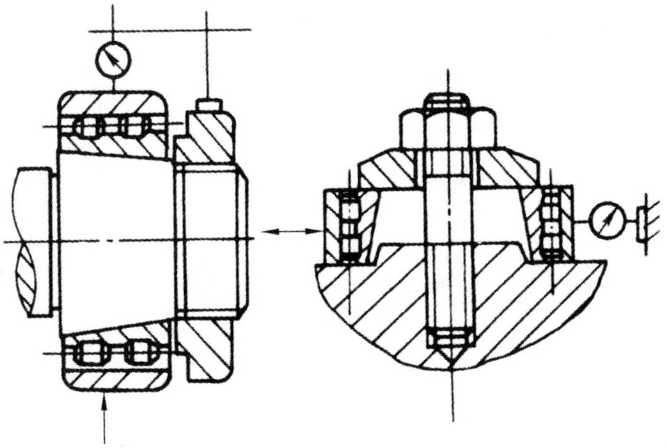

图 4-2-6　轴承外圈径向圆跳动检测

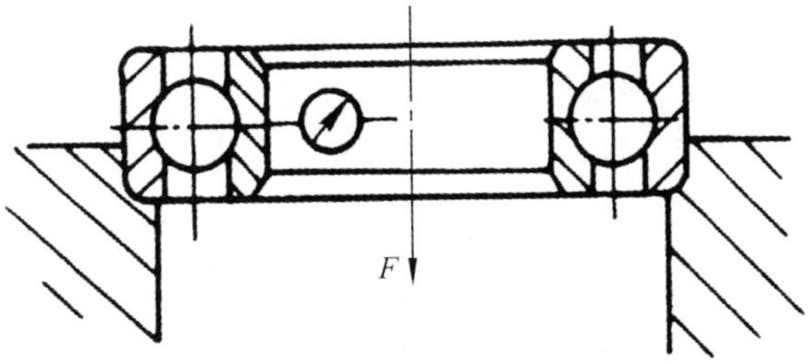

图 4-2-7　轴承内圈径向圆跳动检测

（3）主轴锥孔中心线的检测。如图 4-2-8 所示，测量时将主轴轴颈置于 V 形架上，在主轴锥孔中插入测量用心轴，转动主轴一周以上，便可测得锥孔中心线的偏差数值及方向。

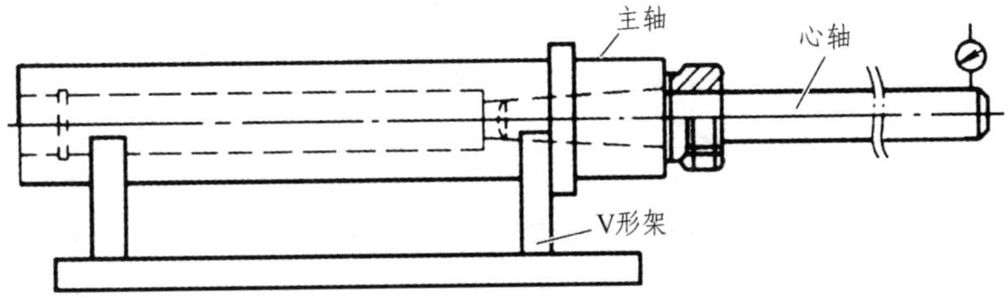

图 4-2-8　主轴锥孔中心线检测

2. 滚动轴承定向装配要点

（1）主轴前轴承的精度比后轴承的精度高一级。

（2）前后两个轴承内圈径向圆跳动量最大的方向置于同一轴向截面内，并位于旋转中心线的同一侧。

（3）前后两个轴承内圈径向圆跳动量最大的方向与主轴锥孔中心线的偏差方向相反。按不同方法进行装配后的主轴精度的比较。

如图 4-2-9 所示。图中 δ_1、δ_2 分别为主轴前、后轴承内圈的径向圆跳动量；δ_3 为主轴锥孔中心线对主轴回转中心线的径向圆跳动量；δ 为主轴的径向圆跳动量。

如图 4-2-9（a）所示，按定向装配要求进行装配的主轴的径向圆跳动量 δ 最小，$\delta < \delta_3 < \delta_1 < \delta_2$。如果前后轴承精度相同，主轴的径向圆跳动量反而增大。

同理，轴承外圈也应按上述方法定向装配。对于箱体部件，由于检测轴承孔偏差较费时间，可将前后轴承外圈的最大径向跳动点在箱体孔内装在一条直线上即可。

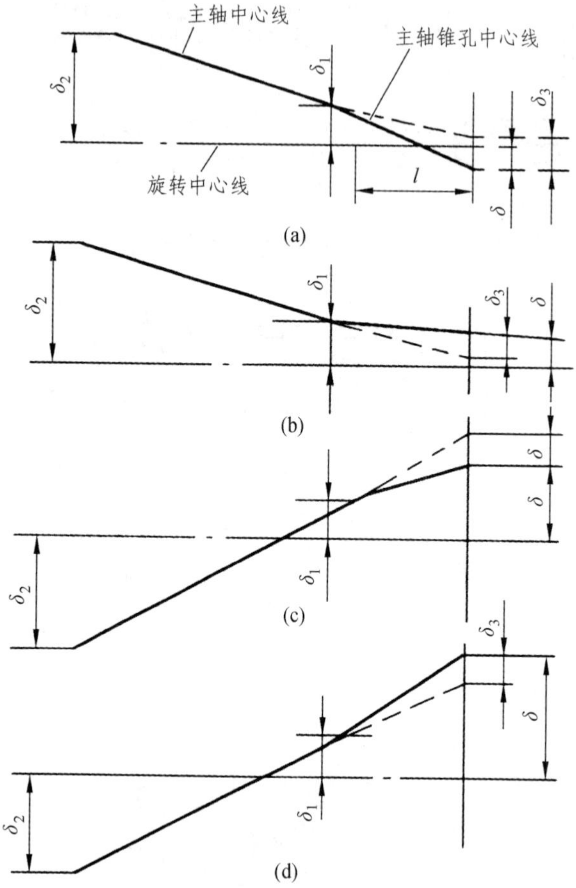

（a）δ_1、δ_2 与 δ_3 方向相反

（b）δ_1、δ_2 与 δ_3 方向相同

（c）δ_1 与 δ_2 方向相反，δ_3 在主轴中心线内侧

（d）δ_1 与 δ_2 方向相反，δ_3 在主轴中心线外侧

图 4-2-9　滚动轴承定向装配示意图

三、主轴部件的结构

主轴部件的结构图 4-2-10（a）所示为 CA6140 型卧式车床主轴轴组。主轴是一个空心的阶梯轴，其内孔直径为 48 mm，可通过 ϕ47 mm 以下的长棒料或拆卸顶尖时用来穿人金属棒，也可用于安装气动、电动或液压夹紧机构。主轴前端的锥孔为莫氏 6 号锥度，用来安装顶尖或检验心棒；也可借助锥面配合的摩擦力直接带动心轴或工件转动。

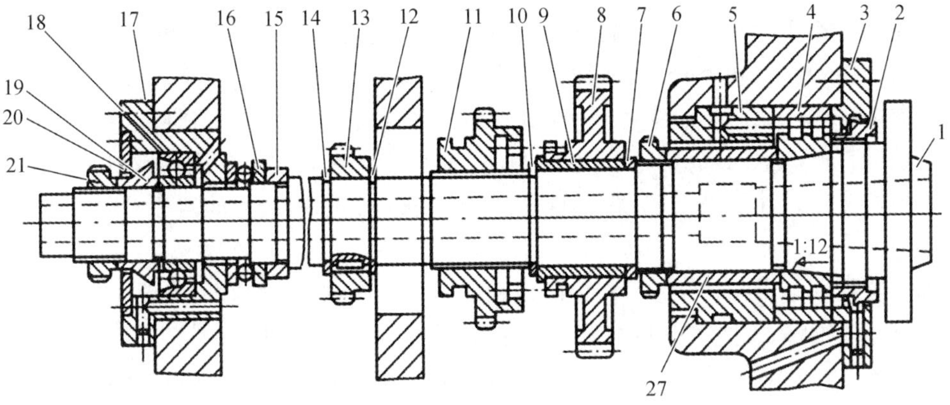

（a）

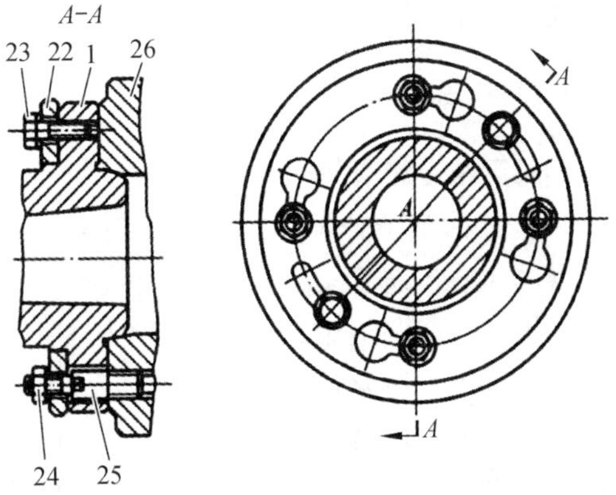

（b）

1—主轴；2—前调整螺母；3—前轴承端盖；4—双列短圆柱滚子轴承；5—阻尼套筒；
6，21—螺母；7，15—垫圈；8，11，13—齿轮；9—衬套；10，12，14—挡圈；
16—推力球轴承；17—后轴承壳体；18—角接触球轴承；19—锥形密封套；
20—盖板；22—锁紧盘；23—螺钉；24—螺母；
25—螺栓；26—卡盘座；27—轴套。

图 4-2-10　CA6140 型卧式车床主轴轴组

主轴前端采用短锥法兰式结构，它的作用是安装卡盘或拨盘，短圆锥作为定位基面。卡盘、拨盘等夹具通过卡盘座 26，用 4 个螺栓 25 固定在主轴 1 上。安装卡盘时，只需将预先拧紧在卡盘上的螺栓 25 连同螺母 24 一起，从主轴 1 轴肩和锁紧盘 22 上的孔中穿过，然后将锁紧盘转过一个角度，使螺栓进入锁紧盘上宽度较窄的圆弧槽内，把螺母卡住（如图中所示位置），然后再把螺母 24 拧紧，就可把卡盘等夹具紧固在主轴上。这种主轴轴端结构的定心精度高，连接刚性好，卡盘悬伸长度短，装卸卡盘也比较方便，因此，在新型车床上应用较普遍。

主轴安装在两支承上，前支承为 P5 级精度的双列短圆柱滚子轴承（NN3021K/P5），用于承受径向力。轴承内圈和主轴之间有 1∶12 锥度相配合。当内圈与主轴在轴向相对移动时，内圈可产生弹性膨胀或收缩，以调整轴承的径向间隙大小，调整后，用圆螺母锁紧。前支承处装有阻尼套筒，装在前支承座孔内，并与轴套 27 之间有 0.2 mm 的径向间隙，其间隙充满了润滑油，能有效地抑制振动，提高主轴的动态性能。

后轴承由一个推力球轴承（51215/P5）和角接触球轴承（7215AC/P6）组成，分别用以承受轴向力（左、右）和径向力。同理，轴承的间隙和预紧可以用主轴尾端的螺母调整。

主轴前、后支承的润滑都是由润滑油泵供油。润滑油通过进油孔对轴承进行充分的润滑，并带走主轴运转所产生的热量。为了避免漏油，前、后支承采用丁油沟式密封。主轴旋转时，由于离心力的作用，油液沿着斜面（朝箱内方向）被甩到轴承端益的接油槽内，由油孔流向主轴箱。

主轴上装有 3 个齿轮，右端的斜齿圆齿轮 8 空套在主轴上；中间的齿轮 11 可以在主轴的花键上滑移。当齿轮 11 处于中间不啮合（空挡）位置时，主轴的传动被断开，这时可用手转动主轴，以便于测量主轴回转精度及装夹时找正等工作。左端的齿轮 13 固定在主轴上，用于将动力传递给进给箱。

五、主轴轴组的装配及调整

1. 主轴轴组的装配（参见图 4-2-10）

CA6140 型卧式车床主轴轴组的装配顺序如下。

（1）将阻尼套筒 5 和双列短圆柱滚子轴承 4 的外圈及前轴承端盖 3 装入主轴箱体前轴承孔中，并用螺钉将前轴承端盖固定在箱体上。

（2）把主轴分组件（由主轴 1、前调整螺母 2、双列短圆柱滚子轴承 4 的内圈和轴套 27 组装而成）从主轴箱前轴承孔中穿入。在此过程中，从箱体上面依次将螺母 6、垫圈 7、齿轮 8、衬套 9、挡圈 10、齿轮 11、挡圈 12、键、齿轮 13、挡圈 14、垫圈 15 及推力球轴承 16 装在主轴上，并将主轴安装至要求的位置。适当预紧螺母 6，防止轴承内圈因转动改变方向。

（3）从箱体后端，将后轴承壳体分组件装入箱体，并拧紧螺钉。

（4）将角接触球轴承 18 按定向装配法装在主轴上，敲击时用力不要过大，以免主轴移动。

（5）依次装入锥形密封套 19、盖板 20、螺母 21 并拧紧所有螺钉。

（6）对装配情况进行全面检查，以防止遗漏和错装。

装配双列短圆柱滚子轴承 4 内圈时，先检查其内锥面与主轴锥面的接触面积，一般应大于 50%。如果锥面接触不良，收紧轴承时，会使轴承内滚道发生变形，破坏轴承精度，降低轴承使用寿命。

2. 主轴轴组的调整及修理

（1）主轴轴组的预装调整。预装调整的目的是检查组成主轴轴组的各零件是否能达到规定的装配要求，同时，空箱便于翻转，修刮箱体底面比较方便，易能保证底面与床身结合面的良好接触以及主轴轴线对床身导轨的平行度。主轴轴承的调整顺序是：一般是先调整固定支承，再调整游动支承。因 CA6140 型卧式车床主轴后支承对轴有双向轴向固定作用，未调整之前，主轴可以任意翘动，不能定心，影响前轴承调整的准确性。因此，主轴前后轴承的调整顺序是：先初步调整后轴承再调整前轴承。

后轴承的调整：先将螺母 6 松开，旋转螺母 21，逐渐收紧角接触球轴承 18 和推力球轴承 16。用百分表触及主轴前端面，用适当的力前后推动主轴。同时用手转动大齿轮 8，若感觉不太灵活，可能是角按触球轴承内、外圈没有装正，可用木槌（或铜棒）在主轴前后端敲击，直到手感觉主轴旋转灵活自如后，再将螺母锁紧，使推力轴承的轴向间隙得到调整。

前轴承的调整：松开前调整螺母 2，逐渐紧螺母 6，通过轴套 27 的移动，使双列短圆柱滚子轴承 4 的内圈做轴向移动，由于内圈较薄同时有 1∶12 的锥度，迫使内圈胀大（见图 4-2-10）。用百分表触及主轴前端轴颈处，撬动杠杆使主轴受 200～300 N 的径向力，保证轴承径向间隙在 0.005 mm 之内，且大齿轮转动灵活，最后将螺母 6 和前调整螺母 2 锁紧。从而使轴承的径向间隙得到调整。见图 4-2-11。

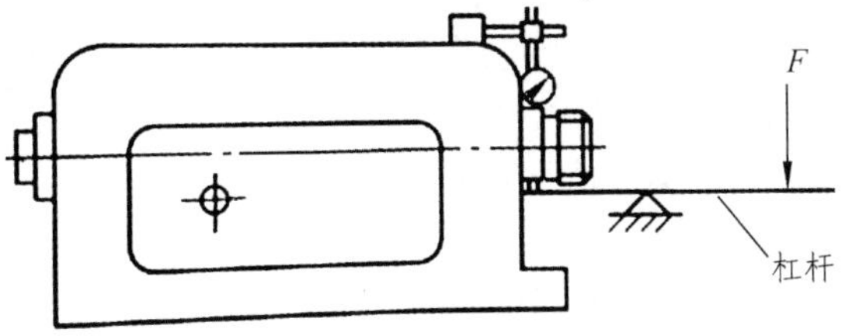

图 4-2-11

提示： 为保证主轴有较好的刚度，采用前、中、后 3 支承结构。调整时，一般情况下只需调整前轴承。只有当调整前轴承后主轴的回转精度仍达不到要求时，才需调整后轴承。中间轴承不需要调整。

（2）主轴轴组的试车调整。机床正常运转时，随着主轴箱内温度的升高，主轴轴承间隙也会发生变化。因此，主轴的间隙，一般应在机床温升稳定后再进行调整。试车调整方法：按要求给主轴箱加入润滑油，适当拧松螺母 6 和螺母 21（原始位置做好标记），用木槌（或铜棒）在主轴前、后端适当振击，使轴承回松，保持间隙在 0～0.02 mm 之内。主轴从低速到高速空运转时间不超过 2 h，在最高速的运转时间不少于 30 min，一般温升不超过 60°即可。停车后锁紧螺母 6 和螺母 21，结束调整工作。

3. 主轴部件的精度要求

主轴部件是车床的关键部分，在工作时承受很大的切削抗力。加工工件的精度和表面粗糙度，在很大程度上取决于主轴部件的刚度和回转精度。主轴部件的精度是指它在装配调整之后的回转精度，包括主轴的径向圆跳动、端面圆跳动以及主轴旋转的均匀性和平稳性。

（1）主轴径向圆跳动的检测，如图 4-2-12（a）所示，在锥孔中紧密地插入一根锥柄检验棒，将百分表固定在机床上，使百分表触头顶在检验棒表面上，旋转主轴，分别在靠近主轴端部的 *a* 处和距 *a* 点 300 mm 的 *b* 处检测。*a*、*b* 的误差分别计算，主轴旋转一周百分表的最大示值，就是主轴的径向圆跳动误差。为了避免检验棒锥柄配合不良的影响，拔出检验棒，相对主轴旋转 90°，重新插入主轴锥孔内，依次重复检验 4 次，4 次测量结果的平均值即为主轴的径向圆跳动误差。

（2）主轴端面圆跳动的检测，如图 4-2-12（b）所示，在主轴锥孔中紧密地插入一根锥柄短检验棒，中心孔中装入钢球（钢球用黄油粘上），百分表固定在床身上，使百分表触头（平面触头）顶在钢球上。旋转主轴，百分表的最大示值，就是主轴端面圆跳动误差。

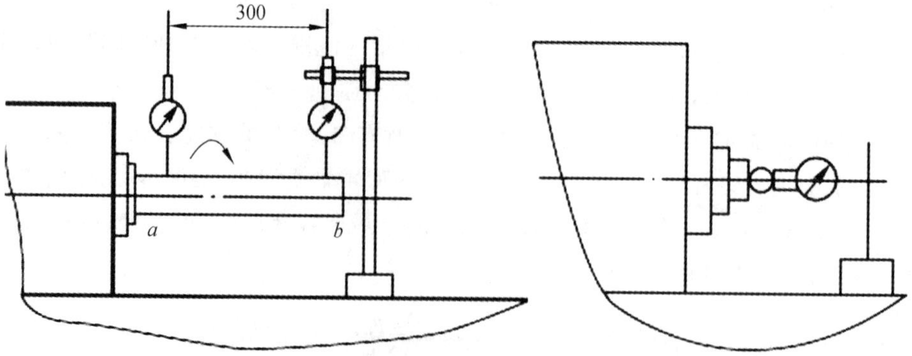

（a）径向圆跳动的检测　　（b）端面圆跳动的检测

图 4-2-12　主轴部件回转精度的检测

4. CA6140 型卧式车床主轴轴组的修理

车床主轴常见的故障主要表现在回转精度下降，径向和端面圆跳动超差其原因是：

（1）调整螺母松动，轴承间隙变大按上述方法调整轴承间隙，紧固螺母防松装置。

（2）润滑不良，轴承快速磨损疏通润滑系统，调整或更换轴承。

（3）主轴轴颈磨损用镀铬或喷涂法修复。

（4）主轴锥孔严重划伤用磨削或刮削方法修复。

任务实施

一、准备工作

（1）做好防护措施，穿好工作服，戴好工作帽，下达任务，分组协作（见表 4-2-1）。

表 4-2-1　小组分配表

（小组称号）		
小组成员	姓名	主要职责
组长		
安全员		
工具员		
材料员		
组员		

（2）各小组接受任务，进行装配前分析讨论，制订计划。领取工、装、夹具（见图 4-2-13），列出所需的工量具清单（见表 4-2-2），并到仓库领取。

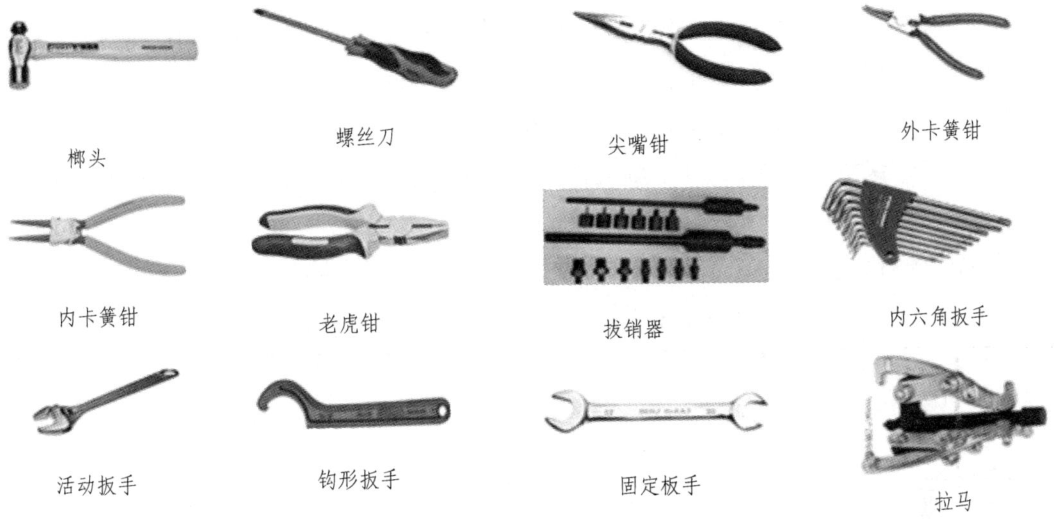

图 4-2-13　工、装、夹具

表 4-2-2　工量具清单

序号	名称	规格	数量
1			
2			
3			
4			
5			
6			
7			
8			

（3）结合主轴箱展开图及主轴箱实物分析结构，工作原理，了解轴组之间、零件之间的关系、位置、方向，最后确定：

① 拆卸顺序（从外至内，从上至下）。

② 拆卸方向（从孔退出）。

③ 轴上零件拆出方向（根据轴的阶梯趋向，从小端卸出）。

④ 拆卸方法（锤击法、拉拔法、顶压法、温差法、破坏法）。

二、拆卸时注意事项

（1）先排除障碍：圆螺母、弹簧挡圈、销钉、螺钉等。

（2）按图施工：轴组拆卸顺序、拆出方向及轴上零件卸出方向，依次有序进行。

（3）拆卸时要求：轴上零件（含轴承）要对称锤击拆卸，零件的配合面、工作面不能受损。带方向性的配合件要做好标记，如：花键配合。

（4）拆卸后要求：① 每轴组、轴上零件按装配顺序摆放，并将小零件（螺钉、销钉）放入原孔。② 清洗、检查、并列出零件缺、损情况清单

完成任务后填写表 CA6140 车床主轴轴组零件检查，见表 4-2-3。

表 4-2-3　CA6140 车床主轴轴组零件检查

检查项目	检查结果		
	检查情况	处理措施	备注

（5）将装配后的检测精度记录在检测精度记录表内，见表 4-2-4。

表 4-2-4　检测精度记录

项目位置	标准精度公差	实际测量公差	备注
主轴轴向间隙/mm	0.01		
主轴径向间隙/mm	0.005		
径向圆跳动/mm	靠近主轴端面 0.01 距主轴端面 300 mm 处 0.02		
轴向（端面）圆跳动（窜动）/mm	<0.01		
主轴轴线对溜板移动的平行度（测量长度 300 mm）	垂直平面内 0.02（只许向上偏） 水平面内 0.015（只许向前偏）		

评价反馈

操作完毕，按表 4-2-5、表 4-2-6 进行评分。

表 4-2-5　评分表

班级：＿＿＿＿＿＿＿＿　姓名：＿＿＿＿＿＿＿＿　学习任务名称：＿＿＿＿＿＿＿＿

目标	评价项目	每项分值	自我评价	教师评价
能力	1. 能否识别装配图中的零部件	15		
	2. 按工艺进行拆装	15		
	3. 装配质量能达到什么精度要求	10		
	4. 能否注意拆装主轴轴组注意事项	10		
	5. 能否正确检测主轴的旋转精度	30		
素养	6. 工作着装是否符合规定	5		
	7. 是否参与现场的清洁和整理工作	5		
	8. 本次任务中，是否主动协作	5		
	9. 工作业完成情况	5		
总评	合计总分	100		

表 4-2-6　组评表

评价指标	评价情况	
与其他同学口头交流学习内容是否顺畅	是：	否：
是否能接受小组成员的意见	是：	否：
是否服从教师的教学安排	是：	否：
着装是否符合标准	是：	否：
能否正确地领会他人提出的学习问题	是：	否：
能否按照安全和规范的规程操作	是：	否：
能否辨别工作环境中哪些是危险的因素	是：	否：
能否合理规范地使用工具和仪器	是：	否：
能否保持学习工作环境的干净整洁	是：	否：
能否遵守学习场所的规章制度	是：	否：
是否有工作岗位的责任心	是：	否：
是否全勤	是：	否：
是否能正确对待自己的错误	是：	否：
是否能保持团队合作	是：	否：

项目 5　C6140 型车床典型部件的精度检测

任务 1　C6140 车床导轨直线度检测

学习目标

（1）能正确使用常用装配维修量具和水平仪。

（2）能对 CA6140 型卧式车床水平调整。

（3）能用水平仪正确、规范对 CA6140 车床导轨检测导轨直线度。

（4）掌握作图法计算导轨直线度。

建议学时：20 学时。

任务描述

某企业对一批 C6140 车床进行导轨直线度检测，装调人员根据实际情况需要对 C6140 车床重新进行水平安装调整，并了解床身导轨的直线度要求，制订工作流程，合理使用装调工具拆卸、装配、调整。并对已完成的工作进行记录、存档自觉保持安全作业并遵守“7 S”的工作要求。

任务分析

（1）车床导轨剖面如图 5-1-1 所示。

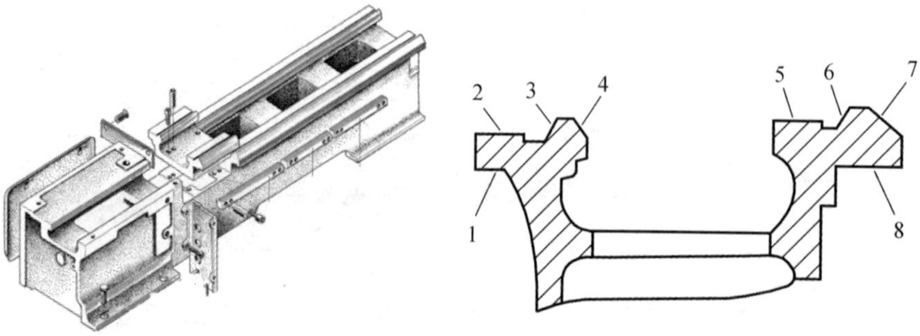

1，8—压板导轨；2，6，7—床鞍导轨；3，4，5—尾座导轨。

图 5-1-1　车床导轨剖面图

（2）床身导轨的加工技术要求见表 5-1-1。

表 5-1-1　床身导轨的加工技术要求

序号	内容	技术要求
1	床身导轨的几何精度	各导轨在垂直平面与水平面内的直线度应符合技术要求，且在垂直平面内只许中凸，各导轨和床身齿条安装面应平行于床鞍导轨
2	接触精度	刮削导轨每 25 mm×25 mm 范围内接触点不少于 10 点，磨削导轨则以接触面积大小来评定接触精度的高低
3	表面粗糙度	刮削导轨表面粗糙度一般在 $Ra1.6\ \mu m$ 以下；磨削导轨表面粗糙度在 $Ra0.8\ \mu m$ 以下
4	硬度	一般导轨表面硬度应在 170HB 以上，并且全长范围硬度一致；与之相配合件的硬度应比导轨硬度稍低
5	导轨稳定性	导轨在使用中应不变形。除采用刚度的结构外，还应进行良好的时效处理，以消除内应力，减少变形

（3）导轨在竖直平面内直线度要求见表 5-1-2。

表 5-1-2　导轨在竖直平面内直线度要求

检验项目	允差/mm	
导轨在竖直平面内的直线度	$D_a \leqslant 800$	$800 < D_a \leqslant 1\,250$
	$D_c \leqslant 500$	
	0.01（凸）	0.015（凸）
	$500 < D_c \leqslant 1\,000$	
	0.02（凸）	0.025（凸）
	局部公差在任意 250 测量长度上	
	0.007 5	0.01
	$D_c > 1\,000$ 最大工件长度每增加 1 000 允差增加量	
	0.01	0.015
	局部公差在任意 500 测量长度上	
	0.015	0.02
导轨在竖直平面内的平行度	0.04/1 000	

① D_a 表示最大工件回转直径；

② D_c 表示最大工件长度；

③ 在导轨两端 $D_c/4$ 测量长度上局部公差可以加倍。

相关知识

一、常用装配维修量具和量仪

1. 平　尺

主要用作导轨的刮研和测量的基准。平尺有桥形平尺、平行平尺和角度平尺 3 种，桥形平尺上表面为工作面，用来刮研或测量机床导轨。平行平尺有两个相互平行的工作面。角度平尺用来检查燕尾导轨。平尺用灰口铸铁铸成，经机加工和热处理以消除内应力。工作面要刮削至 25 点/（25 mm × 25 mm）（1 级平尺）或 20 点/（25 mm × 25 mm）（2 级平尺），见表 5-1-3。

表 5-1-3　平尺分类

名称	图示	特点及应用
桥形平尺		侧面形状为弓形，且由两个支承座支承，具有一个上测量面。主要用来检验机床导轨的平面度和直线度误差
工字形平尺	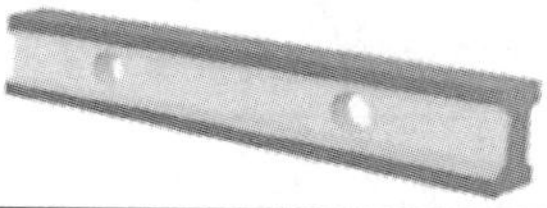	截面形状为工字形，具有上、下两个平行测量面。主要用来检验机床导轨的平面度、直线度和平行度误差
矩形平尺		截面形状为矩形，具有上、下两个平行测量面。主要用来检验机床导轨的平面度、直线度和平行度误差
角形平尺		俗称燕尾平尺，截面形状为三角形，具有两个互成一定角度的测量面。主要用来检验机床燕尾导轨的平面度、直线度和角度误差

2. 方尺和直角尺

用来检查机床部件之间垂直度的量具。常用的有方尺、平角尺、宽底座角尺和直角平尺 4 种，如图 5-1-2 所示。

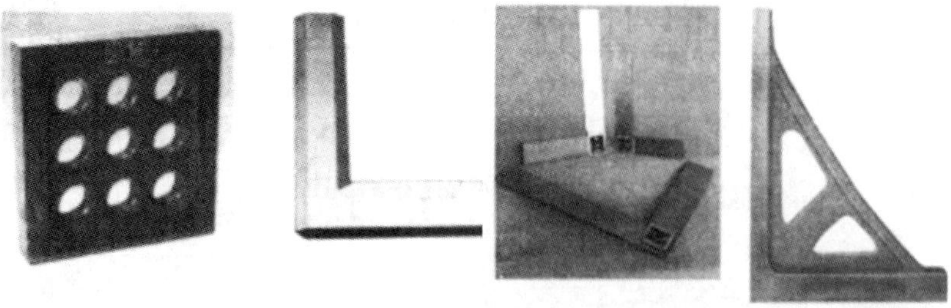

（a）方尺　（b）平角尺　（c）宽底座角尺　（d）直角平尺

图 5-1-2　方尺和直角尺

3. 垫　铁

垫铁是一种检验导轨精度的辅助工具，主要用作水平仪和百分表等精密量具的垫铁。材料多为铸铁，根据使用目的和导轨形状不同，制成多种形状，如图 5-1-3 所示。

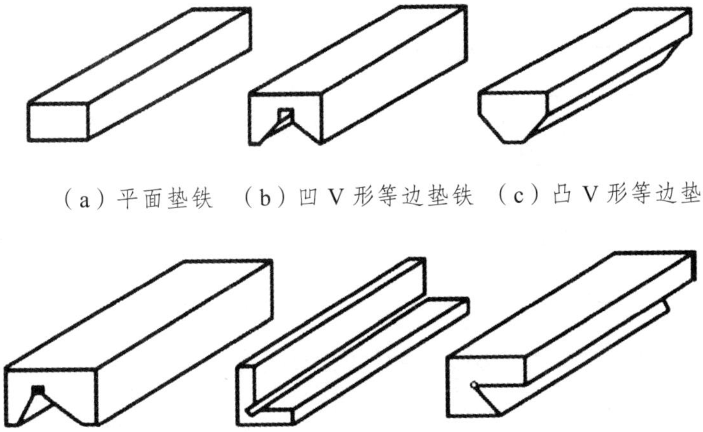

（a）平面垫铁　（b）凹 V 形等边垫铁　（c）凸 V 形等边垫铁

（d）凹 V 形不等边垫铁　（e）直角垫铁　（f）55°角形垫铁

图 5-1-3　垫铁

4. 检验棒

检验棒主要用来检查机床主轴和套筒类零部件的径向跳动、轴向窜动、同轴度、平行度等，是机床修理、装配的常用工具。

检验棒一般用工具钢制成，经热处理和精密加工，精度较高。为减轻质量可制成空心结构，为便于装拆、保管，可设计出拆卸螺纹和吊挂用孔。用完后应清洗、涂油、吊挂保存。检验棒按主轴结构和检验项目不同，可制成不同的结构形式，见表 5-1-4。

表 5-1-4　检验棒

名称	图示	锥度号	D/mm	L/mm
莫氏锥柄长检验棒	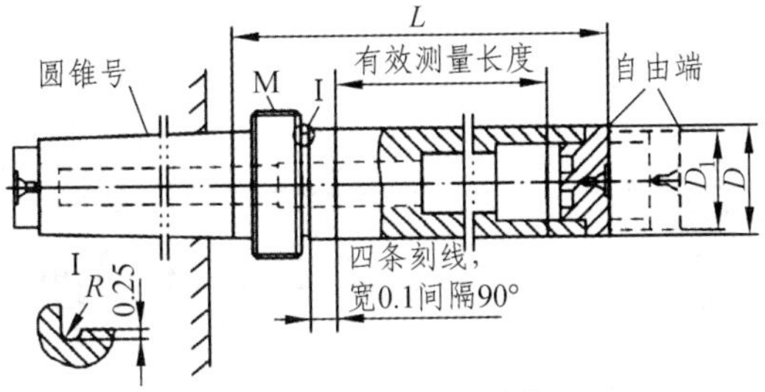 莫氏0号~2号为实心结构	0	12	75
		1		
		2	24	150
		3	32	200
		4	40	300
		5		
		6	63	500
莫氏锥柄短检验棒	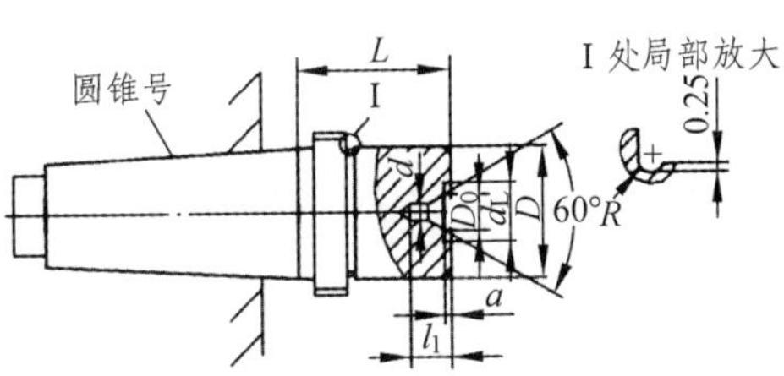	0	12	22
		1		
		2	24	34
		3	32	50
		4	40	57
		5		
		6	63	80

续表

名称	图示	锥度号	D/mm	L/mm
实心圆柱检验棒	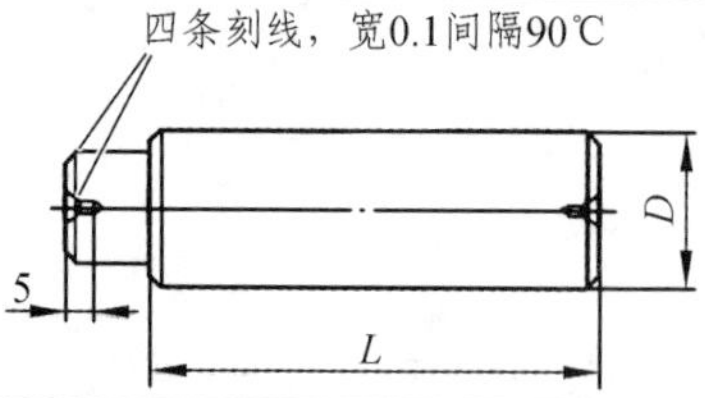		16	100、125、160、200、250
			25	
			40	160、200、250
空心圆柱检验棒	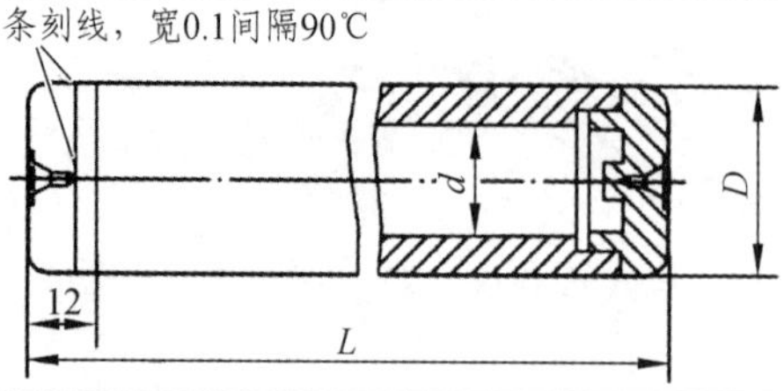		63	315、400、500
			80	630、800、1 000

5. 检验桥板

检验桥板是一种检验机床导轨面间相互位置精度的工具，一般与水平仪结合使用。根据不同形状的导轨，可制作不同结构的检验桥板，图 5-1-4 所示为常用的一种。检验桥板与导轨接触部分及本身的跨度可以更换和调整，以适应多种床身导轨组合的测量。

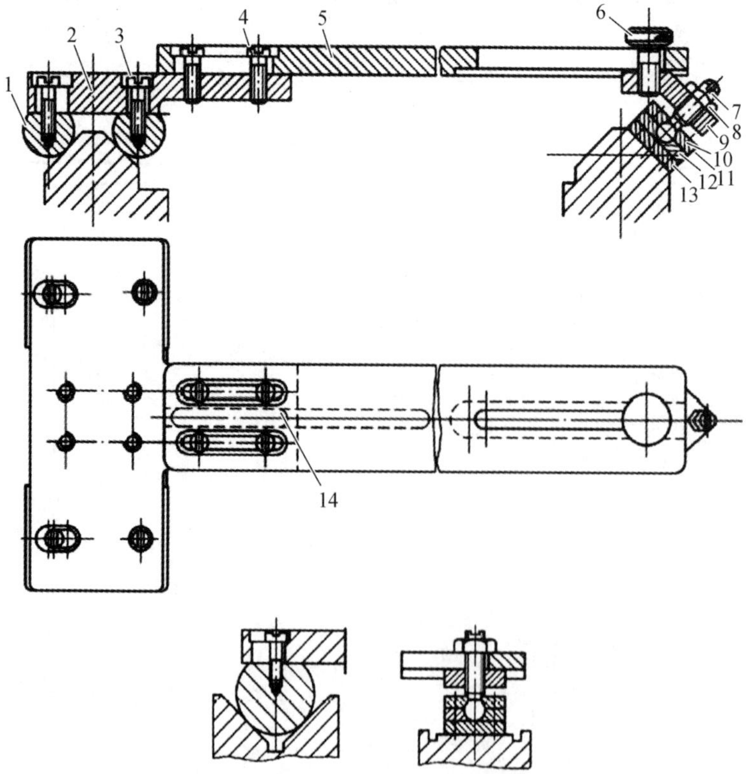

1—半圆棒；2—T 形板；3、4—紧固螺钉；5—桥板；6—滚花螺钉；7—调整杆；8—六角螺母；9—滑动支承板；10—圆柱头铆钉；11—盖板；12—垫板；13—接触板；14—平键。

图 5-1-4 检验桥板

6. 水平仪

水平仪主要用来测量导轨在垂直平面内的直线度、工作台面的平面度及零件间的垂直度和平行度等。有条形水平仪、框式水平仪和合像水平仪等，如图 5-1-5 所示。

（a）条形水平仪

（b）框式水平仪

（c）合像水平仪

图 5-1-5 水平仪

（1）框式水平仪的结构如图 5-1-6 所示。

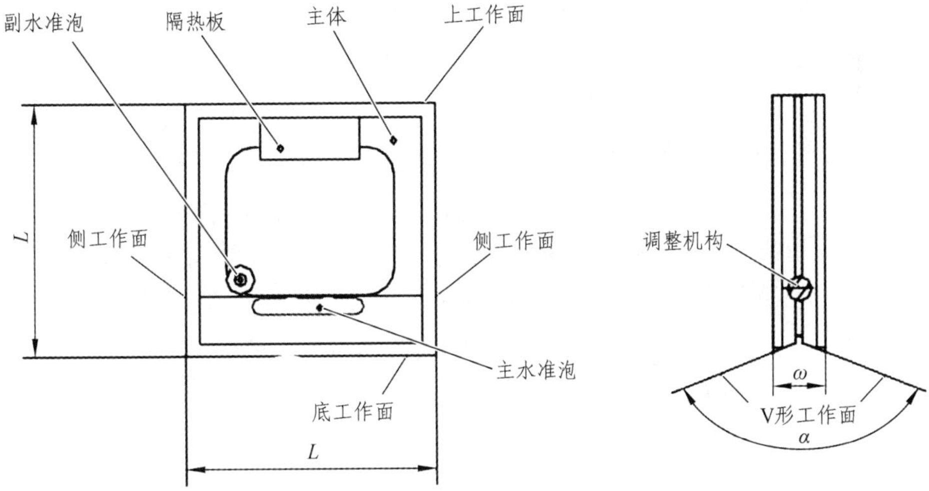

图 5-1-6 框式水平仪的结构

（2）水平仪的读数原理。如图 5-1-7 所示，假设平板处于自然水平，在平板上放根 1 m 长的平行平尺，平尺上的水平仪的读数为零，即水平状态。如将平尺一端抬起 0.02 mm，相当于使平尺与平板平面形成 4″的角度。如果此时水平仪的气泡向右移动一格，则该水平仪读数精度规定为每格 0.02/1 000 mm。读作千分之零点零二毫米。

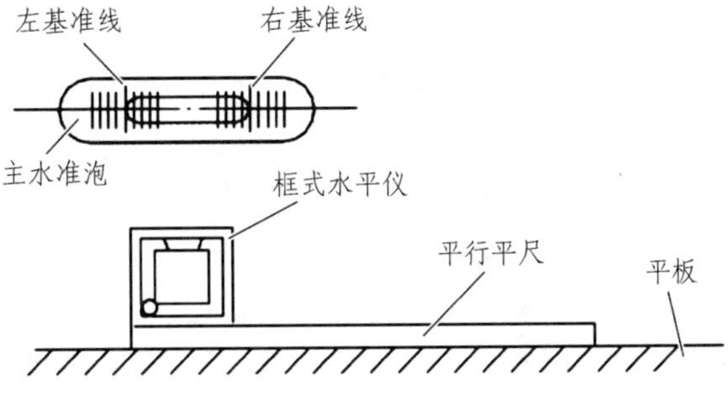

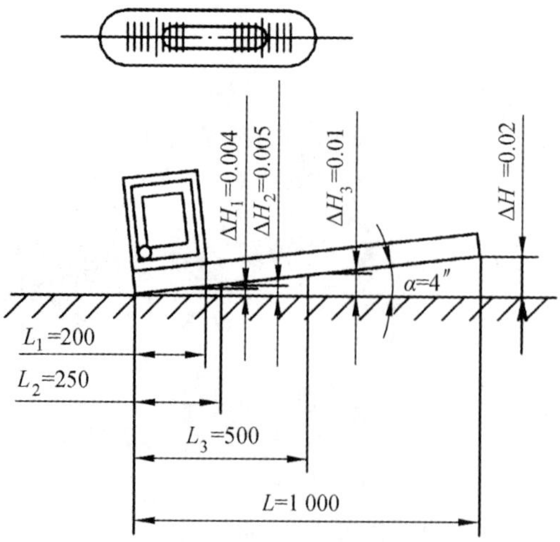

图 5-1-7　水平仪的读数原理

（3）水平仪的读数方法。常用的读数方法有两种：

① 绝对读数法。只有气泡在中间位置时，才读作 0。以零线为起点，气泡向任意一端偏离零线的格数，即为实际偏差的格数。偏离起端为“+”，偏向起端为“－”。一般习惯由左向右测量，也可以把气泡向右移读为“+”，向左移读为“－”。如图 5-1-8（a）所示为 + 2 格。

② 平均值读数法。分别从两长刻线（零线）起向同一方向读至气泡停止的格数，把两数相加除以 2，即为其读数值。如图 5-1-8（b）所示，气泡偏离右端“零线”3 格，气泡左端也向右偏离左端“零线”2 格，实际读数为 + 2.5 格，即右端比左端高 2.5 格。平均读数法不受环境温度影响，读数精度较高。

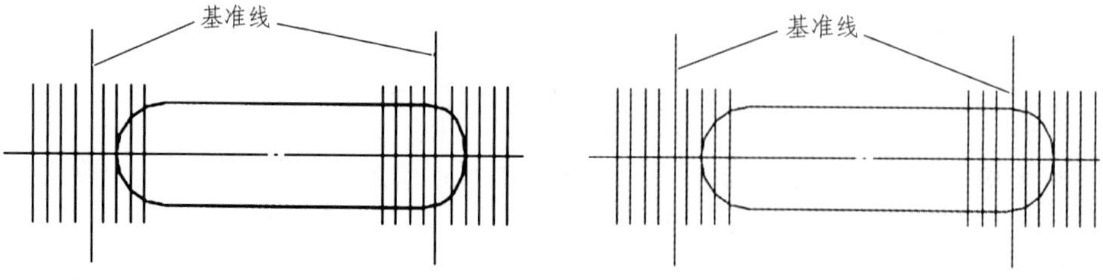

（a）绝对读取法　　（b）平均值读取法

图 5-1-8　水平仪示值读取方法

二、用框式水平仪测量导轨在竖直平面内的直线度的方法

（1）用一定长度的垫铁，安放水平仪不能直接将水平仪置于被测导轨表面上。

（2）将水平仪置于导轨中间，调平导轨。

（3）将导轨按垫铁长度分若干段，依次首尾相接逐段测量，并提取各段示值。

框式水平仪测量导轨示意图如图 5-1-9 所示。

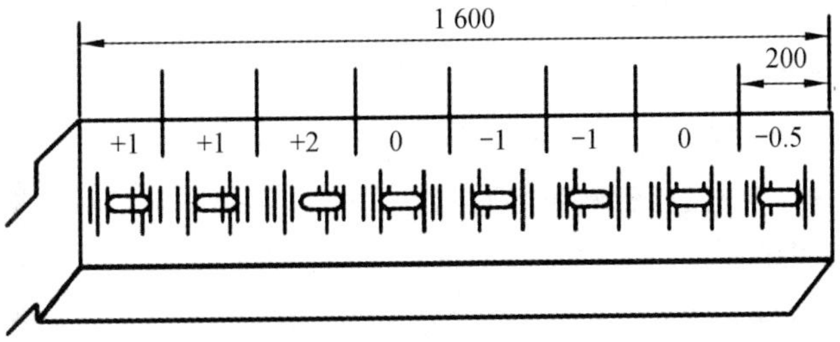

图 5-1-9　框式水平仪测量导轨

（4）把各段示值逐段积累，画出导轨直线度曲线图。

（5）用两端点连线法或最小区域法确定最大误差格数和误差曲线形状。

① 两端点连线法。如图 5-1-10 所示，若导轨直线度误差曲线呈单凸或单凹时，做首尾两端点连线Ⅰ—Ⅰ，并过曲线最高点（或最低点）做Ⅰ—Ⅰ的平行直线，Ⅱ—Ⅱ两平行线间最大纵坐标值即为最大误差值。

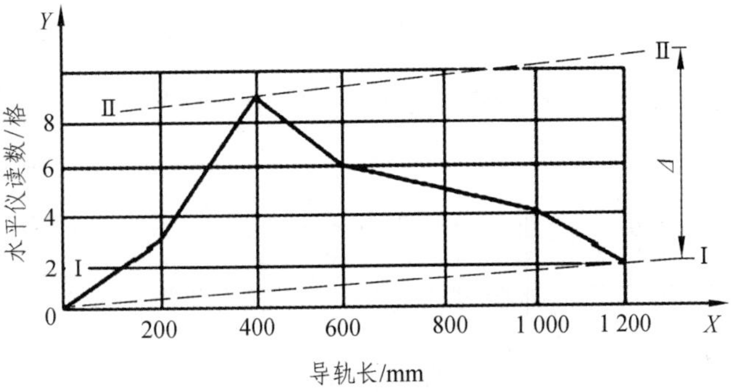

图 5-1-10　两端点连线法

② 最小区域法。如图 5-1-11 所示，在直线误差曲线有凸有凹呈波折状时，过曲线上两个最低点（或两个最高点）做一条包容线Ⅰ—Ⅰ；过曲线上最高点（或最低点）做平行于Ⅰ—Ⅰ的另一条包容线Ⅱ—Ⅱ，将误差曲线全部包容在两直线之间。两线之间沿 Y 轴方向的最大坐标值即最大误差。

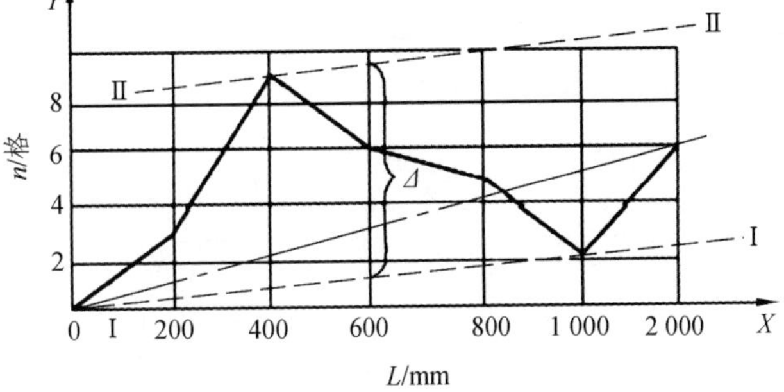

图 5-1-11　最小区域法

（6）按误差格数换算导轨直线度误差值，一般按下式计算：

$$\Delta = nil$$

式中　Δ——导轨直线度误差数值，mm；

n——曲线图中最大误差格数；

i——水平仪分度值；

l——每段测量长度，mm。

任务实施

一、准备工作

（1）做好防护措施，穿好工作服，戴好工作帽，下达任务，分组协作（见表 5-1-5）。

表 5-1-5　小组分配表

（小组称号）		
小组成员	姓名	主要职责
组长		
安全员		
工具员		
材料员		
组员		

（2）各小组接受任务，进行装配前分析讨论，制订计划。领取工、装、夹具，列出所需工量具清单（见表 5-1-6），并到仓库领取。

表 5-1-6　工量具清单

序号	名称	规格	数量
1			
2			
3			
4			
5			
6			
7			
8			

（3）认识水平仪。水平仪主要用来测量导轨在垂直平面内的直线度、工作台面的平面度及零件间的垂直度和平行度等，用直接读数和平均读数法读取气泡格数。

二、操作步骤

（1）将桥板放置于导轨中间；分别将两个水平仪横向及纵向放在桥板上，通过合理调整各垫铁高度，将机床水平初步校平。如图 5-1-12 所示。

图 5-1-12　调整垫铁

（2）用水平仪测量导轨在垂直平面内的直线度误差。水平仪检测导轨直线度适用于一般精度的长、短导轨，应用普遍。将水平仪放置于垫铁上，垫铁连同水平仪放置于导轨一端位置，然后分段对导轨作等距离有限点测量（用水平仪借助专用垫铁，使支承点首尾相接沿测量方向移动），分别测出各段位置上水平仪气泡移动的格数，并记录下来（见表 5-1-7），最后根据记录下来的数据做直线度误差曲线图，如图 5-1-13 所示。

表 5-1-7　记录表

测量位置	0～200	200～400	400～600	600～800	800～1 000	1 000～1 200
水平仪读数						

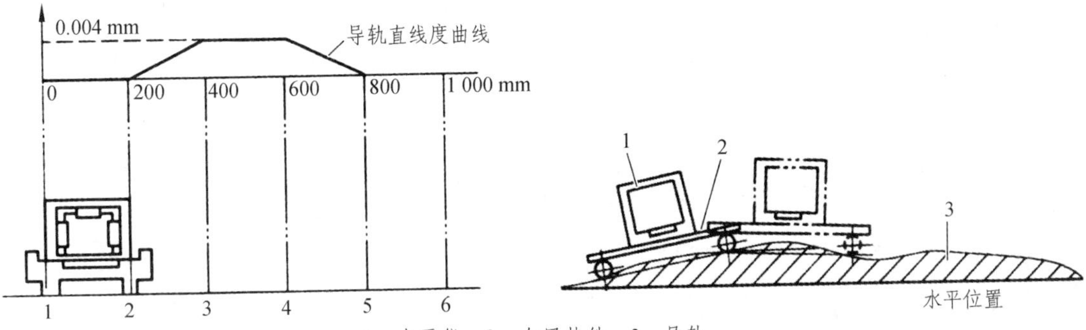

1—水平仪；2—专用垫铁；3—导轨。

图 5-1-13　用水平仪检验导轨直线度

三、注意事项

（1）测量时，床身和量仪保持较高的清洁。

（2）测量时，被测件的量仪应安置稳定，接触良好，减少周围振动对测量稳定性的影响。

（3）水平仪测量机床精度时，应注意温度的影响，以免影响测量精度。

（4）水平仪在整个测量过程中，必须遵守单向移动测量的原则。

（5）水平仪读数时，必须确认水准管内气泡处于稳定的静止位置。

评价反馈

操作完毕，按表 5-1-8、表 5-1-9 进行评分。

表 5-1-8　评分表

班级：________　姓名：________　学习任务名称：________

目标	评价项目	每项分值	自我评价	教师评价
能力	1. 能否叙述床身导轨的各项精度要求	15		
	2. 能否正确使用水平仪	15		
	3. 能否按工艺要求检测导轨直线度	10		
	4. 能否按要求调整机床水平	10		
	5. 是否能合理使用检测量具	5		
	6. 能否用作图法计算导轨直线度	25		
素养	7. 工作着装是否符合规定	5		
	8. 是否参与现场的清洁和整理工作	5		
	9. 本次任务中，是否主动协作	5		
	10. 工作业完成情况	5		
总评	合计总分	100		

表 5-1-9　组评表

评价指标	评价情况	
与其他同学口头交流学习内容是否顺畅	是：	否：
是否能接受小组成员的意见	是：	否：
是否服从教师的教学安排	是：	否：
着装是否符合标准	是：	否：
能否正确地领会他人提出的学习问题	是：	否：
能否按照安全和规范的规程操作	是：	否：
能否辨别工作环境中哪些是危险的因素	是：	否：
能否合理规范地使用工具和仪器	是：	否：
能否保持学习工作环境的干净整洁	是：	否：
能否遵守学习场所的规章制度	是：	否：
是否有工作岗位的责任心	是：	否：
是否全勤	是：	否：
是否能正确对待自己的错误	是：	否：
是否能保持团队合作	是：	否：

任务 2　C6140 车床尾座安装精度检测

学习目标

（1）能正确识读装配图并明确装配关系及技术要求。

（2）能掌握装配尺寸链的计算及修配装配方法。

（3）能规范使用装配工具、量具和量仪对 CA6140 车床尾座拆装，并达到精度要求。

（4）能叙述尾座的装配精度要求，并用正确的方法检测装配精度。

建议学时：20 学时。

任务描述

CA6140 机床是属于通用的中型卧式车床，在机械加工中有着广泛的应用，由于某企业车床使用频率高，车床尾座出现故障，装调人员承担车床尾座检修任务。装调人员根据实际情况需要对 C6140 车床的尾座结构，尾座精度要求要做充分了解，并制订工作流程，合理使用装调工具拆卸、装配、调整。并对已完成的工作进行记录、存档自觉保持安全作业并遵守“7 S”的工作要求。

任务分析

认识 CA6140 车床尾座的结构。

车床的尾座可沿导轨纵向移动调整其位置。其内有一根由手柄带动沿主轴轴线方向移动的心轴，在套筒的锥孔里插上顶尖，可以支承较长工件的一端。还可以换上钻头、铰刀等刀具实现孔的钻削和铰削加工。车床尾座实物如图 5-2-1 所示。

图 5-2-1　车床尾座实物

车床尾座装配简图如图 5-2-2 所示。

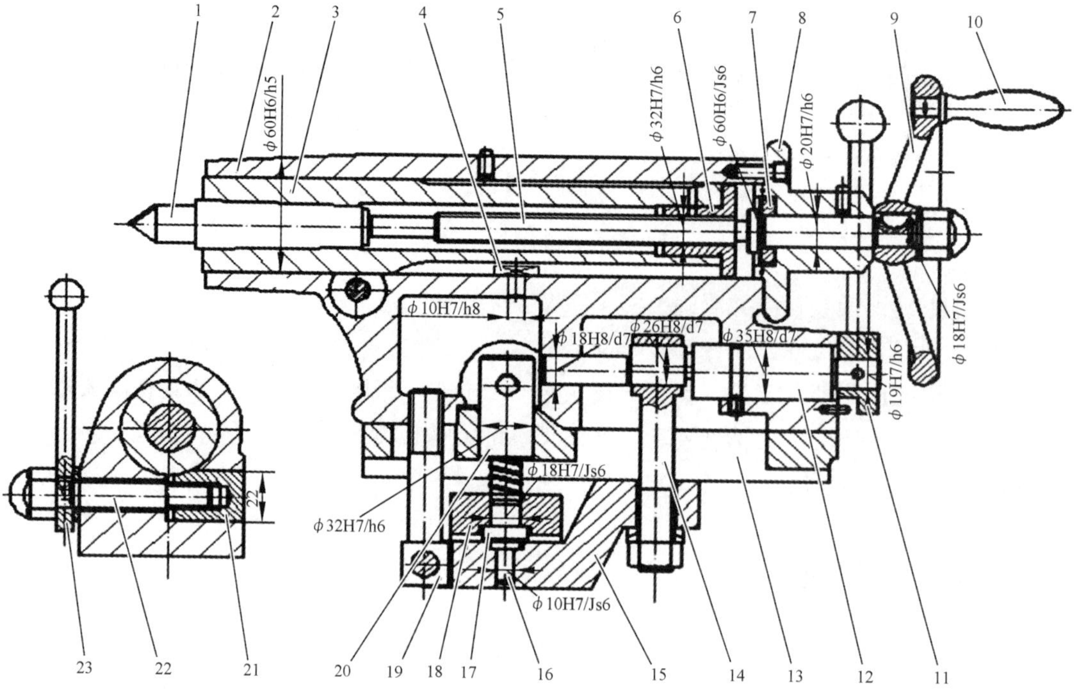

1—顶尖；2—尾座体；3—尾座套筒；4—定位块；5—丝杆；6—螺母；7—挡圈；8—后盖；
9—手轮；10—手柄；11—扳手；12—偏心轴；13—底座；14—拉杆；15—压板；
16、17—螺钉；18—小压板；19—螺杆；20—销；
21—压板；22—拧紧螺钉；23—小扳手。

图 5-2-2　车座尾座装配简图

（1）套筒，主要用于支承工件或在尾座顶尖套筒中装上钻头、铰刀、圆板牙等刀具来加工工件。

（2）手柄，主要用于固定套筒。

（3）丝杠，是用来连接套筒的，可以使套筒伸长和收缩。

（4）底板，是用来固定丝杠的，它的两个雁尾槽可以使丝杠在导轨上滑动。

（5）手轮，主要用来转动丝杠。

相关知识

一、装配尺寸链相关知识

1. 尺寸链与尺寸链简图

尺寸链就是在零件加工或机器装配过程中，由相互联系且按一定顺序连接的封闭尺寸组合。

图 5-2-3 为在装配中形成的尺寸链——装配尺寸链；图 5-2-4 为在加工中形成的尺寸链——工艺尺寸链。

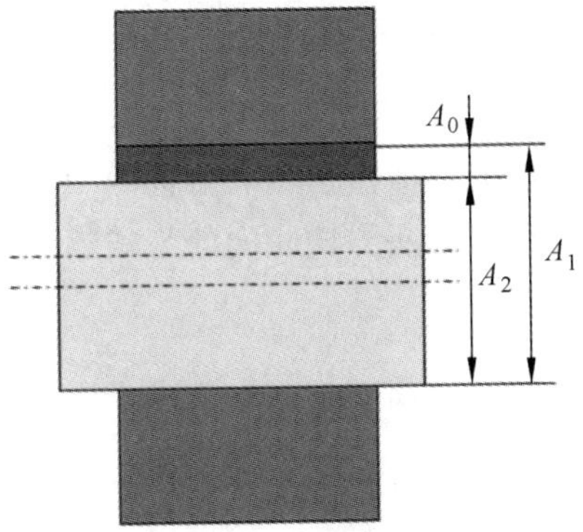

图 5-2-3 装配尺寸链

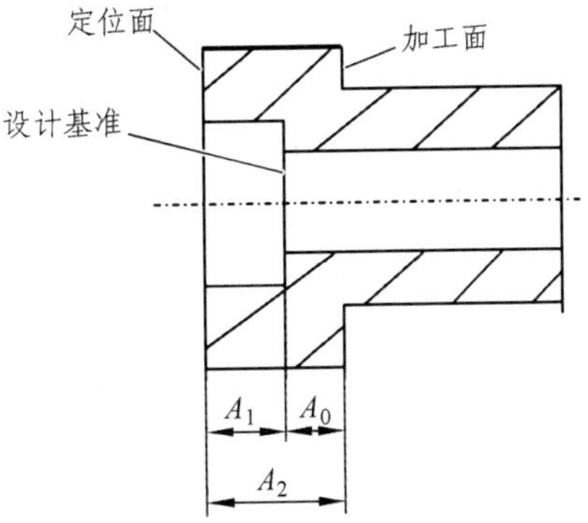

图 5-2-4 工艺尺寸链

将尺寸链中各尺寸彼此按顺序连接所构成的封闭图形称为尺寸链简图。

绘尺寸链简图时，不必绘出装配部分的具体结构，也无须按严格的比例，而是由有装配技术要求的尺寸首先画起，然后依次绘出与该项要求有关的尺寸，排列成封闭的外形即可。

图示 5-2-5（a）工件如先以 A 面定位加工 C 面，得尺寸 A_1然后再以 A 面定位用调整法加工台阶面 B，得尺寸 A_2，要求保证 B 面与 C 面间尺寸 A_0；A_1、A_2 和 A_0 这 3 个尺寸构成了一个封闭尺寸组，就成了一个尺寸链。图 5-2-5（b）所示为尺寸链简图。

尺寸链特征：封闭性、关联性

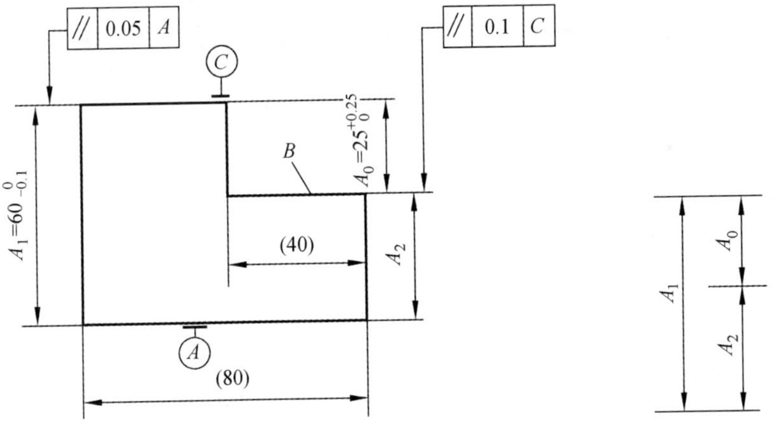

（a）　　（b）

图 5-2-5 尺寸链简图

2. 尺寸链的组成

构成尺寸链的每一个尺寸，都称为尺寸链的环，每个尺寸链至少应有 3 个环。

（1）封闭环：在零件加工和机器装配中，最后形成的尺寸，称为封闭环。一个尺寸链中只有一个封闭环。在装配尺寸链中，封闭环即装配的技术要求。

（2）组成环：尺寸链中除封闭环外的其余尺寸，称为组成环。

（3）增环：在其他组成环不变的条件下，当某一组成环的尺寸增大时，封闭环也随之增大，则该组成环称为增环。

（4）减环：在其他组成环不变的条件下，当某一组成环增大时，封闭环随之减小，则该组成环称为减环。

增环和减环也可以用简单方法判断，在尺寸链简图中，由尺寸链任一环的基面出发，绕其轮廓线顺时针（或逆时针）方向转一周，回到这个基面。按旋转方向给每一个环标出箭头，凡箭头方向与封闭环箭头相反的为增环，与封闭环箭头方向相同的为减环，如图 5-2-6 所示。

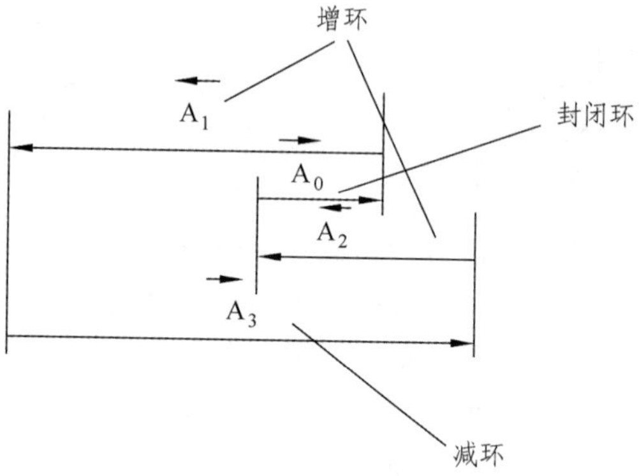

图 5-2-6　举例

3. 封闭环的极限尺寸及公差

封闭环的基本尺寸由尺寸链简图可以看出，封闭环尺寸等于所有增环基本尺寸之和减去所有减环基本尺寸之和，即：

$$A_0 = \sum_{i=1}^{m} \vec{A}_i - \sum_{i=1}^{n} \overleftarrow{A}_i$$

$$A_0 = (\vec{A}_1 + \vec{A}_2 + \cdots) - (\overleftarrow{A}_5 + \overleftarrow{A}_6 + \cdots)$$

式中　A_0——封闭环基本尺寸；

m——增环的数目；

n——减环的数目。

在解尺寸链方程时，我们还可以把增环作为正值，而把减环作为负值，由此可得出封闭环的基本尺寸，实际上就是各组成环基本尺寸的代数和。

（1）封闭环的最大极限尺寸，当所有增环都为最大尺寸，而所有减环都为最小极限尺寸时，封闭环为最大极限尺寸，可用下式表示：

$$A_{0\max} = \sum_{i=1}^{m} \vec{A}_{i\max} - \sum_{i=1}^{n} \overleftarrow{A}_{i\min}$$

（2）封闭环最小极限尺寸，当所有增环都为最小极限尺寸，而所有减环都是最大极限尺寸时，则封闭即为最小极限尺寸，公式如下：

$$A_{0\min} = A_{1\min} - A_{2\max}$$

（3）封闭环公差，封闭环公差等于封闭环最大极限尺寸与封闭环最小极限尺寸之差，也就是将以上两公式相减即得封闭环公差为：

$$T_0 = \sum_{i=1}^{m+n} T_i$$

由此可知封闭环公差等于各组成环公差之和。

二、保证装配精度的装配方法

产品的装配精度包括零件、部件间距离精度、相互位置精度、相对运动精度、配合精度及接触精度等。

通过尺寸链分析，可知由于封闭环公差等于组成环公差之和，装配精度取决于零件制造公差，为了正确处理装配精度与零件制造精度二者的关系，形成了不同的装配方法如图 5-2-7 所示。

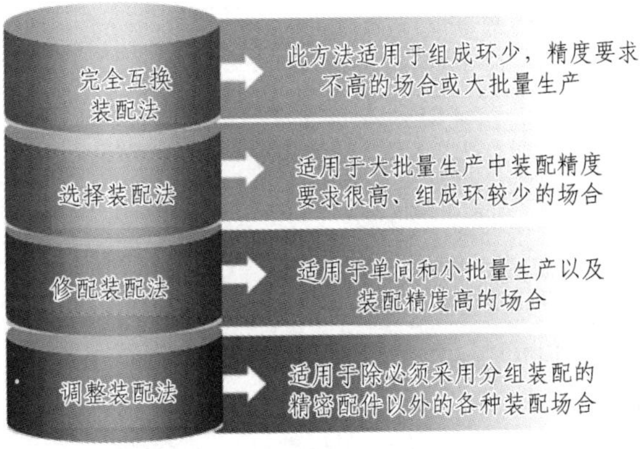

图 5-2-7　保证装配精度的装配方法

以修配法为例，修配法是在装配过程中，通过修配尺寸链中某一组成环的尺寸，使封闭环达到规定精度要求的一种装配方法。

采用修配装配法时，尺寸链中各组成环尺寸均按加工经济精度制造。这样，在装配时累积在封闭环上的总误差必然超过规定的公差。为了达到规定的精度要求，需对规定的某一组成环进行修配。要进行修配的组成环称为修配环。修配法在生产中应用广泛，主要用于成批或单件生产。

例：如图 5-2-8 所示，卧式车床装配尺寸链，在装配时要求主轴锥孔中心线和尾座顶尖锥孔中心线的等高度误差为 0 ~ 0.66 mm（只许尾座高），已知各组成环尺寸和封闭环公差：

$A_1 = 156$ mm，$A_2 = 46$ mm，$A_3 = 202$ mm，$A_0 = 0_{0}^{+0.06}$ mm，现采用修配法装配，确定各组成环公差及其分布。计算过程如下：

（1）选择修配环修刮尾座底板底面较方便，故选 A_2 作修配环。

（2）根据加工经济精度确定各组成环公差并确定除修配环以外各组成环公差带的位置 A_1、A_3 两尺寸用镗模加工，取 $T_1 = T_3 = 0.1$ mm，A_2 尺寸采用精刨加工，取 $T_2 = 0.1$，以上公差均为加工经济精度公差。按对称原则标注有 $A_1 = (156 \pm 0.05)$ mm，$A_3 = (202 \pm 0.05)$ mm。

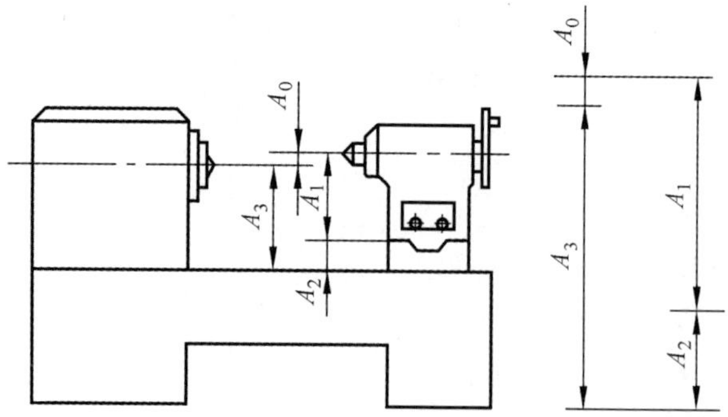

图 5-2-8　卧式车床装配尺寸链简图

（3）确定修配环公差带的位置由尺寸链可知，修配环 A_2 被修配后，封闭环的实际尺寸 A_0' 变小（ A_0 为规定尺寸）。若 $A_0' < A_{0\min}$，则再要修配，只能使封闭环的尺寸变得更小，无法达到装配精度的要求。因此，为保证有足够的修配余量，必须使 $A_{0\min}' \geqslant A_{0\min}$；要使修配量最小，则 $A_{0\min}' = A_{0\min}$。由此可得到在修配环被修配后封闭环尺寸变小的情况下确定修配环公差带位置的计算公式（也可用下偏差计算）：

$$A_{0\min}' = A_{0\min} = \sum \overleftarrow{A}_{\min} - \sum \overleftarrow{A}_{\max}$$

将已知数值代入上式有：

$$0 = (A_{2\min} + 156 - 0.05) - 202 - 0.05$$

将已知数值代入上式有：

$$0 = (A_{2\min} + 156 - 0.05) - 202 - 0.05$$
$$A_{2\min} = 46.1\ \text{mm}$$

所以，$A_2 = 46_{+0.1}^{+0.2}$ mm

（4）计算最大修配量若 A_2、A_1 加工到最大，A_3 加工到最小，则可能出现的最大修配量为：

$$\begin{aligned} z_{\max} &= A_{0\max}' - A_{0\max} \\ &= (A_{2\max} + A_{1\max} - A_{3\min}) - A_{0\max} \\ &= (46 + 0.2 + 156 + 0.05 - 202 + 0.05) - 0.06 \\ &= 0.24 \end{aligned}$$

三、机床尾座安装精度及检测方法

1. 尾座套筒轴线对床鞍移动的平行度的检测与调整

（1）将尾座紧固在检验位置。

（2）把千分表固定在床鞍上，使其测头触及尾座套筒表面 a 处、b 处（a 在竖直平面内，b 在水平面内），移动床鞍检验。

（3）千分表读数的最大差值就是平行度误差（a、b 的误差应分别计算）。

（4）上母线允差为 0.01 mm，只许抬头；侧母线允差为 0.03 mm，只许里勾。

尾座套筒轴线对床鞍移动的平行度的检测与调整如图 5-2-9 所示，其平行度允差见表 5-2-1。

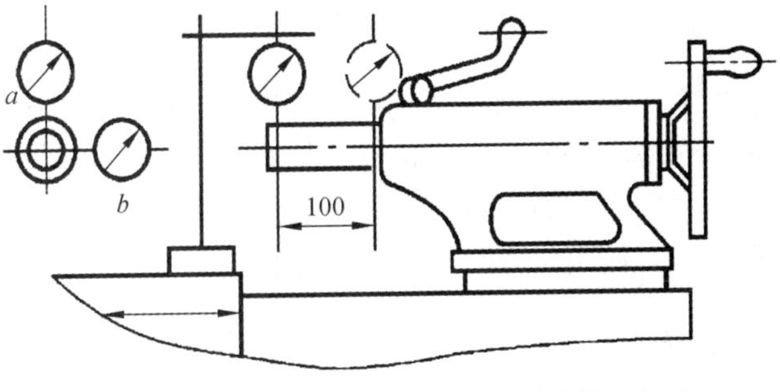

图 5-2-9　尾座套筒轴线对床鞍移动的平行度

表 5-2-1　尾座套筒轴线对床鞍移动的平行度允差

检验项目		允差/mm	
		$D_a \leqslant 800$	$800 < D_a \leqslant 1\ 250$
尾座套筒轴线对床鞍移动的平行度	在竖直平面内（只许向上偏）	在 100 测量长度上为 0.015	在 100 测量长度上为 0.02
	在水平面内（只许向前偏）	在 100 测量长度上为 0.01	在 100 测量长度上为 0.015

2. 尾座套筒锥孔轴线对床鞍移动的平行度检验与调整

（1）检验时尾座的位置同检验同上，将顶尖套筒送入尾座孔内，并锁紧。

（2）在尾座套筒锥孔中插入检验棒，千分表固定在床鞍上，使其测头触及检验棒表面 *a* 处、*b* 处（*a* 在竖直平面内，*b* 在水平面内），移动床鞍检验

（3）一次检验后，拔出检验棒，旋转 180°后再插入尾座顶尖套锥孔中，重新检验一次。

（4）两次测量结果代数和的平均值就是平行度误差（*a*、*b* 的误差值分别计算）。

上母线允差 0.03/300 mm；侧母线允差 0.03/300 mm。

尾座套筒锥孔轴线对床鞍移动的平行度检验与调整如图 5-2-10 所示，其平行度允差值见表 5-2-2。

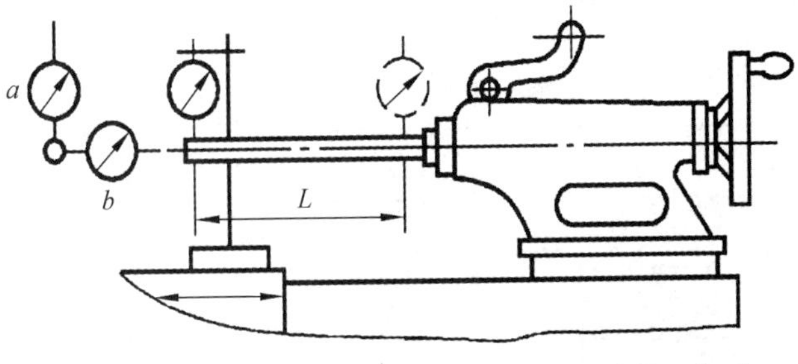

图 5-2-10　尾座套筒锥孔轴线对床鞍移动的平行度

表 5-2-2　尾座套筒锥孔轴线对床鞍移动的平行度允差值

检验项目		允差/mm	
		$D_a \leqslant 800$	$800 < D_a \leqslant 1\ 250$
尾座套筒锥孔轴线对床鞍移动的平行度	在竖直平面内（只许向上偏）	在 300 测量长度上为 0.03	在 500 测量长度上为 0.05
	在水平面内（只许向前偏）	在 300 测量长度上为 0.03	在 500 测量长度上为 0.05

3. 主轴和尾座两顶尖的等高度的检测与调整

（1）在主轴与尾座顶尖间装入检验棒，再将千分表固定在床鞍上，使其测头在竖直平面内触及检验棒，移动床鞍在检验棒的两极限位置上检验。

（2）千分表在检验棒两端读数的差值就是等高度误差值。

（3）调整。主轴箱偏高时修刮床身与主轴箱的连接面；尾座偏高，可修刮尾座底板与床身导轨的滑动面。

主轴和尾座两顶尖的等高度的检测如图 5-2-11 所示，其允差值见表 5-2-3。

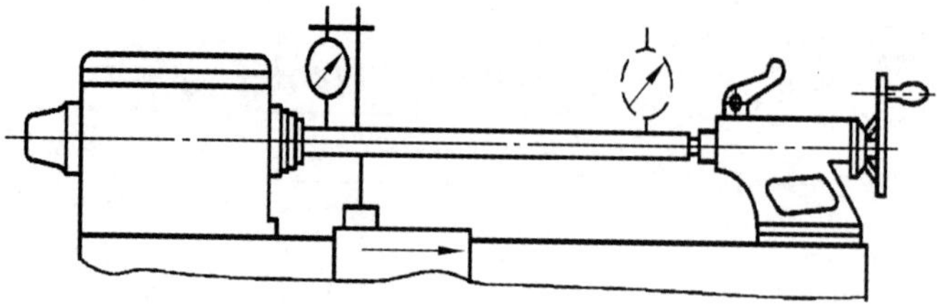

图 5-2-11　主轴和尾座两顶尖的等高度的检测

表 5-2-3　主轴和尾座两顶尖的等高度的允差值

检验项目	允差/mm	
	$D_a \leqslant 800$	$800 < D_a \leqslant 1\,250$
主轴和尾座两顶尖的等高度（只许尾座高）	0.04	0.06

任务实施

一、准备工作

（1）做好防护措施，穿好工作服，戴好工作帽，下达任务，分组协作（见表 5-2-4）。

表 5-2-4　小组分配表

（小组称号）		
小组成员	姓名	主要职责
组长		
安全员		
工具员		
材料员		
组员		

（2）各小组接受任务，进行装配前分析讨论，制订计划。领取工、装、夹具，列出所需工量具清单（见表 5-2-5），并到仓库领取。

表 5-2-5　工量具清单

序号	名称	规格	数量
1			
2			
3			
4			
5			
6			
7			

二、操作步骤

（1）CA6140 车床尾座的拆装工艺拆卸尾座，见表 5-2-6。

表 5-2-6　CA6140 车床尾座的拆装工艺

序号	工序名称	内容	工具
1	拆尾座套筒锁紧装置	旋松锁紧手柄，取出锁紧开合螺母	起子
2	拆套筒组件	取下手轮，拆出丝杠，取下轴承，取出套筒，取下丝杠螺母	起子，铜棒，内六角扳手，榔头
3	松开尾座锁紧螺母	松开尾座紧固螺母，将尾座从机床上取下，放木板上	板手
4	拆卸尾座紧固机构	拆卸紧固手柄，杠杆机构，压板。螺杆螺母	起子，铜棒，内六角扳手，榔头
5	拆尾座底板	将底座朝上，松开横向调节螺杆，取下底板	内六角扳手
6	清洗存放	将零件清洗，顺序放置，小丝杆吊起放	油盆

（2）请填写 CA6140 车床尾座的装配步骤，见表 5-2-7。

表 5-2-7　CA6140 车床尾座的装配步骤

步骤	内容注意事项	工具
1		
2		
3		
4		
5		
6		

三、CA6140 车床尾座精度检测

（1）测量床鞍移动轨迹对尾座套筒上母线的平行度如图 5-2-12 所示。

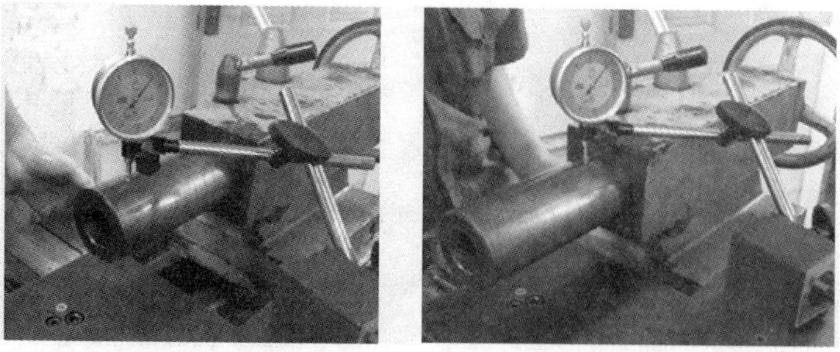

（a）

（b）

图 5-2-12　测量床鞍移动轨迹对尾座套筒上母线的平行度

（2）测量主轴锥套孔中心线和尾座套筒孔中心线等高度如图 5-2-13 所示。

图 5-2-13　测量主轴锥套孔中心线和尾座套筒孔中心线等高度

（3）填写 CA6140 车床尾座装配检测表，见表 5-2-8。

表 5-2-8　CA6140 车床尾座装配检测表

序号	主要检测内容	注意事项及检测数据
1		
2		
3		

评价反馈

操作完毕，按表 5-2-9、表 5-2-10 进行评分。

表 5-2-9　评分表

班级：________　姓名：________　学习任务名称：________

目标	评价项目	每项分值	自我评价	教师评价
能力	1. 能否叙述尾座各部分零件组成	15		
	2. 能否掌握尺寸链各个定义	15		
	3. 能否掌握尺寸链计算	10		
	4. 能否按要求调整尾座	10		
	5. 是否能合理使用检测量具	5		
	6. 能否正确检测尾座各项精度	25		
素养	7. 工作着装是否符合规定	5		
	8. 是否参与现场的清洁和整理工作	5		
	9. 本次任务中，是否主动协作	5		
	10. 工作业完成情况	5		
总评	合计总分	100		

表 5-2-10　组评表

评价指标	评价情况	
与其他同学口头交流学习内容是否顺畅	是：	否：
是否能接受小组成员的意见	是：	否：
是否服从教师的教学安排	是：	否：
着装是否符合标准	是：	否：
能否正确地领会他人提出的学习问题	是：	否：
能否按照安全和规范的规程操作	是：	否：
能否辨别工作环境中哪些是危险的因素	是：	否：
能否合理规范地使用工具和仪器	是：	否：
能否保持学习工作环境的干净整洁	是：	否：
能否遵守学习场所的规章制度	是：	否：
是否有工作岗位的责任心	是：	否：
是否全勤	是：	否：
是否能正确对待自己的错误	是：	否：
是否能保持团队合作	是：	否：

参考文献

[1] 机修钳工工艺学[M]. 3 版. 人力资源和社会保障部教材办公室组织编写. 北京：中国劳动社会保障出版社，2014.

[2] 孙晓华，曹洪利. 装配钳工工艺与实训[M]. 北京：机械工业出版社，2013.4

[3] 刘云斌，宗录宝. 典型机电设备安装与维修[M]. 郑州：黄河水利出版社，2020.7